Sitzungsberichte
der Akademie der Wissenschaften
der DDR
Mathematik – Naturwissenschaften – Technik

9N
1978

Hermann Klare

50 Jahre Chemiefaserstoffe

Einige historische und kritische Betrachtungen über die Entwicklung der Produktion sowie über die Verwendung und Eigenschaften von Chemiefaserstoffen

AKADEMIE-VERLAG · BERLIN

Sitzungsberichte
der Akademie der Wissenschaften
der DDR
Mathematik — Naturwissenschaften — Technik

Jahrgang 1978 · Nr. 9/N

Hermann Klare

50 Jahre Chemiefaserstoffe

Einige historische und kritische Betrachtungen
über die Entwicklung der Produktion sowie über die
Verwendung und Eigenschaften von Chemiefaserstoffen

AKADEMIE-VERLAG · BERLIN
1978

Vortrag von Hermann Klare, Präsident der AdW der DDR, gehalten in der wissenschaftlichen Sitzung des Plenums der AdW der DDR am 20. 10. 1977

Herausgegeben im Auftrage
des Präsidenten der Akademie
der Wissenschaften der DDR
von Vizepräsident Prof. Dr. Heinrich Scheel

Erschienen im Akademie-Verlag, 108 Berlin, Leipziger Str. 3—4

Lizenznummer: 202 · 100/221/78
Gesamtherstellung: VEB Druckhaus Köthen
Bestellnummer: 762 663 3 (2010/78/9/N) · LSV 1205
Printed in GDR
DDR 4,50 M

I.

Vor etwa einem halben Jahrhundert erreichte die Auseinandersetzung über die chemische Struktur natürlicher Polymerer — insbesondere der Zellulose — etwa ihren Höhepunkt. Hervorragende Chemiker wie KARRER, PRINGSHEIM, HERZOG, HESS und BERGMANN lehnten die von STAUDINGER exprimentell nachgewiesene makromolekulare Struktur polymerer Verbindungen nach wie vor entschieden ab und hielten an der Vorstellung eines Aufbaus aus relativ kleinen Grundeinheiten fest, die durch ungewöhnlich starke zwischenmolekulare Kräfte zusammengehalten werden sollten [1]. Bekanntlich fiel wenige Jahre danach die Entscheidung endgültig zugunsten der STAUDINGERschen Auffassung vom Makromolekül, vor allem nachdem — ebenfalls in der Periode vor etwa 50 Jahren — in den Händen von SVEDBERG, SPONSLER, HAVORTH, MEYER, MARK und STAUDINGER durch neue physikalische und physikalisch-chemische Methoden wie die Ultrazentrifugierung, die Osmometrie, die Streuung von Röntgenstrahlen und die Viskosimetrie der makromolekulare Aufbau natürlicher und synthetischer polymerer Stoffe weitgehend sichergestellt werden konnte.

In die gleiche Zeit fällt auch der Beginn der großartigen fundamentalen Untersuchungen von W. H. CAROTHERS [2] über synthetische, faserbildende Hochpolymere, die neben vielen anderen in der Synthese des Polyamids 66 aus Adipinsäure und Hexamethylendiamin (Nylon) ein für die Zukunft der Bekleidungs- und technischen Textilien gravierendes Ergebnis hatten. Damals erreichte die Chemiefaserproduktion, die ausschließlich aus Zelluloseregenerat bzw. -derivatfasern bestand, gerade die 1-Million-Tonnen-Grenze.

Wenige Jahre später, genau im Dezember 1938, geschah das, was heute wie vor 40 Jahren nichts vom überraschenden eingebüßt hat, das die Wissenschaftsgeschichte immer wieder auszeichnet und das — so meine ich — die Arbeitsweise, das Tun und Lassen der Persönlichkeiten, mit denen sie sich befaßt, uns menschlich näher bringt. CAROTHERS hatte nämlich in einer seiner glänzenden Arbeiten [3] über „Amide aus ε-Capronsäure" mitgeteilt, daß das ε-Aminokaprolaktam nicht polymerisierbar sei, „weder in Gegenwart noch in Abwesenheit von Katalysatoren". Nun ist bisweilen vermutet worden, P. SCHLACK habe diese Mitteilung gelesen, sie für unwahrscheinlich gehalten, die Experimente CAROTHERS mit ausreichend gereinigtem Kaprolaktam in Gegenwart eines Initiators wiederholt und damit die Polymerisierbarkeit des Kaprolaktam (CL) zum Polyamid 6 (Perlon, Dederon) entdeckt. Es gibt aber eine authentische Darstellung von SCHLACK selbst, in der er die Vorgänge wie folgt beschreibt [4]: „Es war keineswegs diese (eben genannte) Feststellung von CAROTHERS und BERCHET, die letztlich zur Polymerisation von CL führte. Als die entscheidenden Experimente ausgeführt wurden, hatten wir nur ein ‚abstract' der CAROTHERschen Arbeit in Händen, ohne irgendeine Bemerkung über die Stabilität des Laktams. Der tatsächliche Ausgangspunkt war eine von uns gemachte Beobachtung, als wir N-Methoxy-Carboxy-Aminocapronsäure polykondensierten, die wir aus roher Aminokapronsäure durch Acylierung mit Chlorameisensäuremethylester erhalten hatten. Diese Reaktion führte über ein Zwischenprodukt direkt zu einem fadenziehenden Nylon 6 zusammen mit einem signifikanten Anteil an CL als Nebenprodukt ... Daraus schlossen wir, daß CL in Gegenwart eines geeigneten Initiators polymerisierbar sein müßte. Das erste derartige Experiment, bei dem ε-Aminokapronsäure-Hydrochlorid als ... Katalysator benutzt wurde; ... ergab ein Polyamid 6, das ohne weitere Reinigung zu einem hoch elastischen Faden mit einer Festigkeit von 4,3 g/den nach der Kaltstreckung versponnen werden konnte."

$$n(CH_2)_5\langle{}^{NH}_{CO} \xrightarrow[H_2O]{Cl^{-}\,{}^{+}H_3N\,{}^{+}(CH_2)_5\,COOH} H[HN(CH_2)_5\cdot CO-]_n\,OH$$

Wenn Sie so wollen, begann also die Entwicklung der Synthesefaserstoffe aus CL mit dem Irrtum eines ungewöhnlich begabten Chemikers, den er auch veröffentlichte (so daß seine Richtigstellung, d. h. die Polymerisation von CL, patentfähig war) und mit einer zufälligen Korrektur dieses Fehlers etwa 7—8 Jahre später. Um das Maß des Erstaunlichen voll zu machen, möchte ich noch hinzufügen, daß Schlack seine Entdeckung zuerst in Prag zum Patent anmeldete. Einige Wochen nach dieser Anmeldung beanspruchte unser Auswärtiges Mitglied O. Wichterle das gleiche Verfahren und mußte feststellen, daß er — ohne von Schlack zu wissen — um eben diese Wochen mit seiner Entdeckung zu spät kam.

Es ist nicht meine Absicht, die nächste Stunde mit Erinnerungen auszufüllen, obwohl es reizvoll wäre, das offenbar Zufällige in der Geschichte der Chemiefaserstoffe und ihrer technischen Entwicklung zu verfolgen. Ich wollte lediglich kurz die Geschehnisse jener Zeit umreißen, in der ich zum ersten Mal mit der Synthesefaserstoff-Forschung in unmittelbare Berührung kam (Herbst 1938), nachdem ich mich bis dahin fünf Jahre mit Viskosefaserstoffen beschäftigt hatte.

Diejenigen von Ihnen, die die Arbeiten von Carothers, Schlack und ihren Mitarbeitern kennen, werden mir beipflichten, daß diese Untersuchungen — übrigens ebenso wie viele Arbeiten von Staudinger und seinen Schülern — fast klassische organische Chemie darstellen, besonders ihre hervorragenden präparativ-experimentellen Teile. Übrigens war CL damals ebenso wie Hexamethylendiamin eine Laboratoriumskuriosität; allein daraus können Sie die Leistungsfähigkeit der chemischen Verfahrenstechnik ermessen, die es in wenigen Jahren fertig brachte, diese (und andere bis dahin seltene) Verbindungen in Tausenden von Tonnen zugänglich zu machen. Ich sagte bereits, die Weltchemiefaserproduktion betrug vor 50 Jahren knapp 1 Mio t, heute ist sie auf das mehr als 12fache gestiegen. 1976 wurden etwa 12 000 kt erzeugt, davon rund 73% Synthesefaserstoffe.

Unübersehbar ist nun, daß in den letzten 20 Jahren der Anteil der rein chemischen Grundlagenarbeiten in der Chemiefaserforschung auf einen Bruchteil der Anfangszeit zurückgegangen ist; die physikalischen und physikalisch-chemischen Untersuchungen beherrschen heute eindeutig das Feld der wissenschaftlichen Publikationen auf diesem Gebiet. Unabhängig von den ausgezeichneten präparativen Arbeiten sowjetischer und amerikanischer Forscher wie Koršak [44], Marbel,

Koton, Rogovin, Preston u. v. a. z. B. über hochschmelzende synthetische Polymere und über die Pfropf-Copolymerisation von Zellulose, von denen noch die Rede sein wird, neige ich auch zu der Ansicht, daß die Zeit endgültig vorbei ist, in der mit rein organisch-chemischen Mitteln *allein* auf dem Gebiet der Chemiefaserstoffe noch wirklich Bedeutendes erreicht werden kann, bedeutend insofern, als solche Arbeiten mit den fundamentalen Entdeckungen der Periode vor etwa 40 bis 50 Jahren vergleichbar sein müßten. Andererseits halte ich es aber für abwegig, daraus generell den Schluß zu ziehen, daß die Chemiefaserstoffe heute einen Entwicklungsstand erreicht hätten, der eine weitere Grundlagenforschung überhaupt überflüssig erscheinen ließe, so daß das, was noch zu tun ist, ganz auf dem Gebiet der technologischen Weiterentwicklung liegen müßte. Diese und einige andere Fragen haben mich bereits seit längerer Zeit beschäftigt, und ich möchte mich vor diesem Gremium damit auseinandersetzen, wobei ich mit einigen Entwicklungstendenzen der Chemiefaserproduktion beginnen und dann die immer wieder aufgeworfene Frage nach der gegenwärtigen und zukünftigen Bedeutung der Naturfaser- und Viskosefaserstoffe *neben* den Synthesefaserstoffen, die Entwicklung der Eigenschaften der Chemiefaserstoffe nach den Wünschen der Textilindustrie und denen der Verbraucher — da gibt es nämlich Unterschiede — und schließlich bekleidungsphysiologische Fragen neben einigen anderen Randproblemen behandeln werde. Dazu möchte ich gleich anfangs bemerken, daß meine Auffassungen und Folgerungen sicherlich z. T. recht subjektiven Charakter haben; aber ich habe es mir inzwischen abgewöhnt, auch nur den Versuch zu machen, Fragen der Bekleidung (oder gar der Mode) ausschließlich nach objektiven Gesichtspunkten zu behandeln, denn dort, wo die Chemie und Physik der Faserstoffe endet, ist jeder persönlich betroffen und hat eine eigene Meinung, die von der Verdammung aller Chemiefasern aus physiologischen oder sogar ideologischen (!) Gründen bis hin zur völligen Überschätzung des überhaupt Machbaren reicht. Um deutlich zu machen, was ich meine, möchte ich eine an sich ernst zu nehmende Zeitschrift [9] zitieren, in der 1965 zu lesen war, „man sei beim Gebrauch von Wollkleidung zu einer höheren Leistung befähigt, als beim Tragen von Kleidung aus Synthesefasern". Ich bin nicht unbedingt sicher, ob es nicht auch bei uns eine ganze beträchtliche Anzahl Menschen gibt, die das — so oder so — auch glauben.

II.

Aus Abb. 1 können Sie einige interessante Fakten der Produktionsentwicklung von Chemiefasern in verschiedenen Teilen der Welt entnehmen. Vorab möchte ich Ihnen aber noch sagen, daß z. Z. etwa 44% des Gesamtfaserstoffaufkommens in der Welt aus Chemiefasern besteht, die Naturfaserstoffe decken also immer noch mehr als die Hälfte, d. h. genau 56% des Bedarfs. Die u. a. auch von Philipp [5] ausgesprochene Erwartung, daß etwa um 1975 mehr Chemiefaserstoffe als Naturfaserstoffe zur Verfügung stehen, ist nicht eingetroffen; ich halte im Augenblick, wie Sie

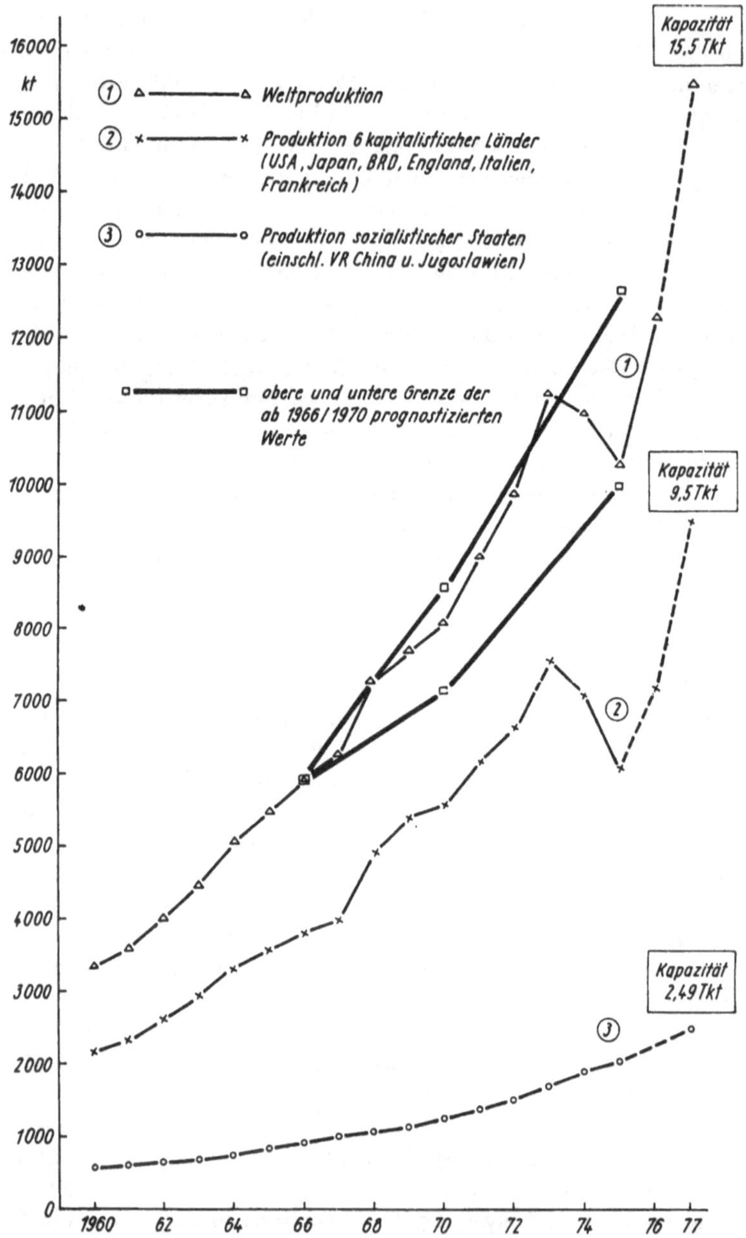

Abb. 1 Chemiefaserstoffe: Weltproduktion und Produktion einzelner Ländergruppen in kt
Quelle: Textile Organon 1970—1976, Juni-Hefte

gleich verstehen werden, eine neue Prognose, wann das etwa eintreten wird, auch für aussichtslos. Die Produktion von Naturfaserstoffen hat sich in den letzten Jahren nur geringfügig geändert; sie schwankt bei Baumwolle zwischen 12 000 und 13 500 kt, bei Wolle zwischen 1 500 und 1 600 kt und bei Naturseide nur etwa zwischen 37...45 kt, während, wie die Kurve 1 zeigt, die Chemiefaserstofferzeugung bis 1973 ständig zunahm; dabei waren jährliche Wachstumsraten von 15—20% nichts Ungewöhnliches. Dieses anscheinend fast schon gesetzmäßige Anwachsen der Weltproduktion von Chemiefaserstoffen wurde erstmalig 1974 und 1975 unterbrochen, aber, wie ein Vergleich von Kurve 2 und 3 ausweist, nur in den kapitalistischen Ländern. In diesen Ländern lag und liegt zugegebenermaßen eine eindeutige Überproduktion vor, die sich bereits in der Investitionspolitik zu Beginn der 70er Jahre abzeichnete und durch die Ölkrise nur noch beschleunigt wurde. Bedeutende Chemiefaserkonzerne z. B. in der BRD und den USA haben 1976 deshalb ganze Fabrikationen still gelegt, zumal die geschätzte Kapazität (Kurve 2) der 6 größten Chemiefaser-Erzeugerländer um 27% über der Produktion von 1975 liegt. Auf Ursache und Wirkung werde ich aus Zeitgründen hier nicht näher eingehen, weil ich darüber Anfang dieses Jahres in der „Weltbühne" [6] Einzelheiten publiziert habe. Ich möchte Sie aber auf einige andere interessante Entwicklungen aufmerksam machen.

1. Überraschend ist der neuerliche Produktionsanstieg im Jahre 1976 gegenüber 1975; die Weltproduktion an Chemiefaserstoffen liegt mit geschätzten 11 900—12 300[1] kt sogar über dem Höchstwert von 1973. Fast alle Produzenten insbesondere Westeuropas geben aber zu, daß sie trotzdem in den „roten Zahlen" stecken; es herrschte und herrscht ein offenbar erbarmungsloser Konkurrenzkamp zwischen USA, Japan und Westeuropa [8].[2] Beachtenswert ist (siehe Kurve 3) demgegenüber der langsamere aber stetige und planmäßige Anstieg der Chemiefaserstoffproduktion in den sozialistischen Staaten und in den übrigen Ländern der Welt; die Schere zwischen den 6 Hauptproduzenten USA, Japan, BRD, England, Frankreich und Italien (Kurve 2) und den übrigen Erzeugern verringert sich.

Hier scheint mir eine Prognose angebracht: der 1976 eingetretene Produktionsanstieg in den kapitalistischen Staaten wird sich 1977 *nicht* im gleichen Maße fortsetzen, er erreichte ja auch 1976 nicht die Höhe des Jahres 1973; im übrigen deuten auch alle Verlautbarungen in der Fachliteratur darauf hin, daß die Situation nach wie vor kritisch ist.[3]

2. Die vor allem in der zweiten Hälfte der 60er Jahre veröffentlichten Prognosen [7] über die voraussichtliche Höhe der Produktion in den Jahren 1970 und 1975 stimmen überraschend gut mit der Wirklichkeit überein, soweit es sich um ernstzunehmende, vorausschauende Arbeiten handelte — allerdings mit einer — wie mir scheint wesentlichen — Einschränkung: Der effektiv eingetretene Rückgang ab 1974 wurde von niemandem prognostiziert und die prognostizierten Produktionsziffern für 1975 wären wesentlich zu niedrig gewesen, hätte sich das Wachstum vom Ende der 60er und Anfang der 70er Jahre fortgesetzt. Damit erscheinen mir die Prognose-Treffer 1970 und 1975 mehr oder weniger zufällig. Zuverlässige Produktionsvoraus-

sagen gibt es — wie sich gleich zeigen wird — allerdings in der sozialistischen Planwirtschaft.

3. Die Kurve 3 in Abb. 1 weist aus, daß die auf den jeweiligen Parteitagen der Kommunistischen und Arbeiterparteien veröffentlichten Produktionsziffern mit z. T. geringfügigen Korrekturen eingehalten wurden, der Zuwachs liegt in den drei letzten Fünfjahrplanperioden ziemlich konstant zwischen jeweils 50 bis 60%. Sie werden nun verstehen, warum ich es als ziemlich aussichtslos bezeichnete, heute vorauszusagen, wann etwa mehr Chemiefaserstoffe als Naturfaserstoffe zur Verfügung stehen werden.

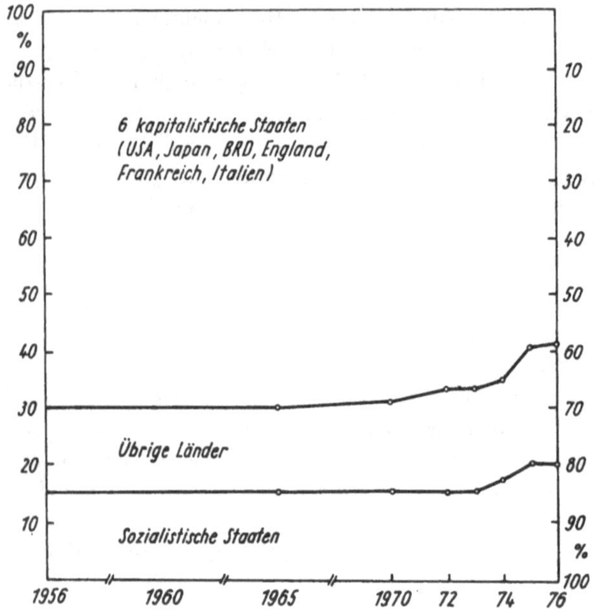

Abb. 2 Verwendete Beanspruchungsverläufe

4. Abb. 2 zeigt deutlich, was auch bereits aus Abb. 1 beim Vergleich der Kurven 2 und 3 abzuschätzen war, daß die bereits genannten 6 kapitalistischen Länder von 1950 bis praktisch 1972 mit 70% den überwiegenden Anteil an Chemiefaserstoffen — insbesondere an Synthesefaserstoffen — erzeugten; der Anteil der sozialistischen Länder an der Welterzeugung lag im gleichen Zeitraum um 15%. Ab 1973 bis 1976 sinkt der Anteil der 6 kapitalistischen Länder auf unter 60%, der Anteil der sozialistischen Länder steigt auf 20%, der Rest entfällt auf die übrigen Chemiefaserstoffe erzeugenden Staaten. Es besteht kein Zweifel, daß sich diese Tendenz fortsetzen wird, d. h. der Anteil der genannten 6 Haupterzeugerländer an der Weltproduktion wird weiter zurückgehen. Vermerkt sei noch, daß die sozialistischen Länder etwa 40% der Weltproduktion an Viskosefaserstoffen erzeugen.

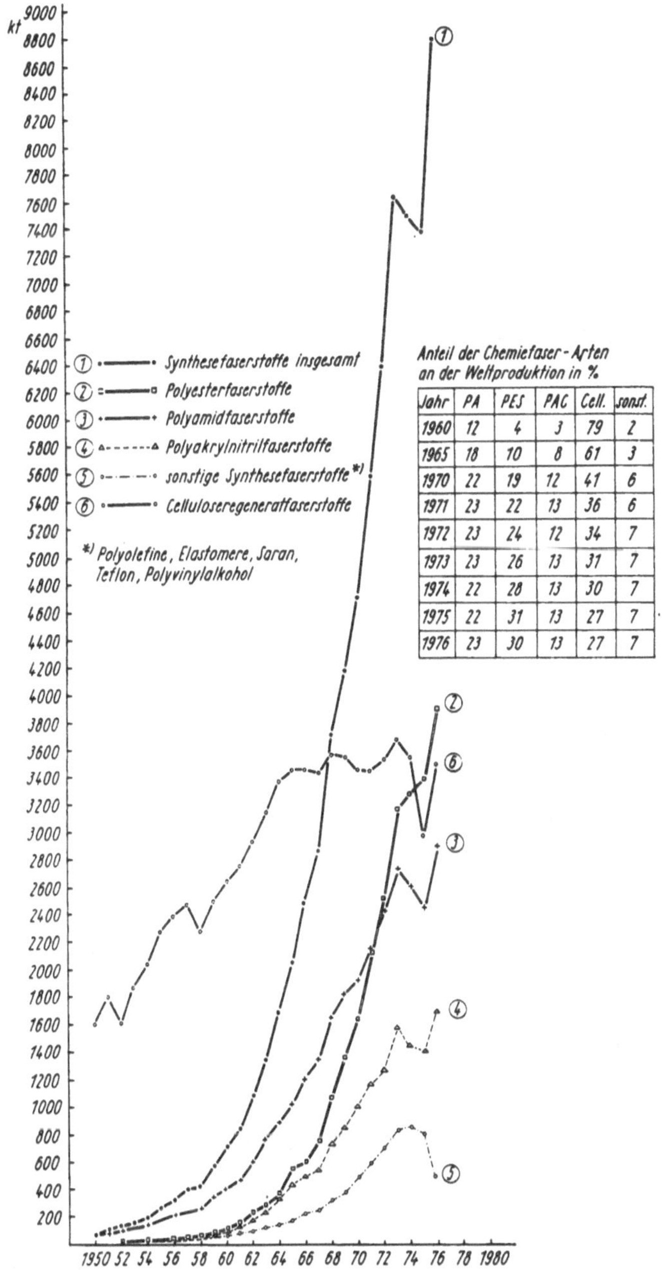

Anteil der Chemiefaser-Arten an der Weltproduktion in %

Jahr	PA	PES	PAC	Cell.	sonst.
1960	12	4	3	79	2
1965	18	10	8	61	3
1970	22	19	12	41	6
1971	23	22	13	36	6
1972	23	24	12	34	7
1973	23	26	13	31	7
1974	22	28	13	30	7
1975	22	31	13	27	7
1976	23	30	13	27	7

Abb. 3 Synthesefaserstoff-Weltproduktion 1950—1976 in kt
Quelle: Textile Organon und Chemiefasern 1977, Februar-Heft, 105

In Abb. 3 ist die Weltproduktion an Synthesefaserstoffen[4] dargestellt. Folgende bemerkenswerte Tatsachen lassen sich daraus ablesen:

1. Die sogenannten „großen Vier", nämlich PE, PA, PAN und Viskosefaserstoffe, beherrschen mit insgesamt 93% der Weltproduktion eindeutig den Markt: die 7% „Sonstige Synthesefaserstoffe" sind qualitativ nicht ohne Bedeutung, sie fallen aber quantitativ nicht ins Gewicht.

2. Wie bereits Ende der 60er Jahre vorausgesagt wurde, erreichte und überholte Anfang der 70er Jahre die Produktion an Polyesterfaserstoffen diejenige der Polyamidfaserstoffe.

3. Bis 1974 war die Produktion an Viskosefaserstoffen höher als jede der drei Synthesefaserstoffe für sich; erst ab 1975 überstieg die Erzeugung an Polyesterfaserstoffen diejenige der Viskosefaserstoffe.

4. Während alle anderen Chemiefaserstoffe ab 1974 einen deutlichen Produktionsrückgang aufweisen, machen die Polyesterfaserstoffe diese Abwärtsentwicklung nicht mit.

5. Von 1960 bis 1976 ging der Anteil der Viskosefaserstoffe an der Weltproduktion von Chemiefasern von 79% auf 27% zurück, während der von Polyesterfasern von 4 auf 30% anstieg.

Aus diesen und anderen Beobachtungeen lassen sich nach meiner Auffassung folgende Entwicklungstendenzen ableiten:

1. Infolge ihrer hervorragenden Eigenschaften, von denen ich hier die Anpassungsfähigkeit als Mischungskomponente, Formbeständigkeit, das geringe Knittervermögen bei guten bis sehr guten Festigkeits- und Scheuerwerten nennen möchte, werden die Polyesterfaserstoffe ihre Spitzenposition vergrößern, wenn auch sicher nicht mit den gleichen Zuwachsraten wie Anfang der 70er Jahre.

2. Die Viskosefaserstoffe dürften sich in der nächsten Zukunft auf eine ziemlich konstante Produktionshöhe zwischen 3 000 und 3 500 kt/a einpendeln. Die Vorzüge dieser Faserstoffklasse und ihre Variationsmöglichkeiten sind trotz einiger Nachteile (schlechte Formbeständigkeit und Umweltverschmutzung) so groß, daß ihre Produktion wahrscheinlich nicht erheblich absinken wird. Darüber wird in einem der nächsten Kapitel noch einiges gesagt werden, das diese These erhärten soll.

3. Die jetzt in der Produktionshöhe vorhandene Reihenfolge PA-, PAN- und Sonstige Fasern wird zunächst weiter bestehen bleiben; es kann jedoch sein, daß die Erzeugung von PA-Faserstoffen zugunsten der PE-Faserstoffe noch etwas stärker zurückgeht. Die Meldungen, daß Betriebsstillegungen von Polyamidseiden-Anlagen erfolgt sind [8], sprechen dafür. Es muß allerdings abgewartet werden, inwieweit dieser Rückgang im NSW durch Kapazitätszuwachs in den sozialistischen Ländern und in Entwicklungsländern ausgeglichen werden wird.

4. Ein erheblicher Zuwachs bei einem neuen synthetischen Faserstoff ist höchst unwahrscheinlich; auch die Polyolefinfaserstoffe dürften davon keine Ausnahme machen.

III.

Wenn ich im folgenden auf Bedeutung und Eigenschaften der einzelnen Faserstoffarten etwas differenzierter eingehe, dann beschränke ich mich auf prinzipielle Aussagen — so wie ich sie sehe — und bemühe mich nicht um eine vollständige Darlegung aller Probleme. Das schließt allerdings nicht aus, daß im Kreise von Fachleuten *alle* Probleme bis in ihre feinsten Verästelungen ausdiskutiert werden müssen, um Klarheit über unser weiteres Vorgehen zu schaffen.

Ich möchte mit den Viskose-, oder wohl besser, den Celluloseregeneratfaserstoffen beginnen. Ich sprach schon von ihren großen Variationsmöglichkeiten; gerade das möchte ich Ihnen kurz erläutern. Auf den Abb. 4 und 5 [10] sind Kraft-Dehnungs-Diagramme von Viskosefasertypen zu sehen, die entweder in kleintechnischen Anlagen hergestellt wurden oder z. Z. produziert werden. Das Erstaunliche ist in der Tat die Variationsbreite ihrer Eigenschaften, die von Fasertypen mit extrem hoher Festigkeit und entsprechend niedriger Dehnung bis hin zu solchen Typen mit extrem hoher Dehnung und relativ niedriger Zugfestigkeit reichen. Innerhalb dieser Grenzen sind fast alle Zwischenwerte herstellbar; eine großtechnische Produktion ist im wesentlichen eine ökonomische Frage, die ihrerseits von gesamtvolkswirt-

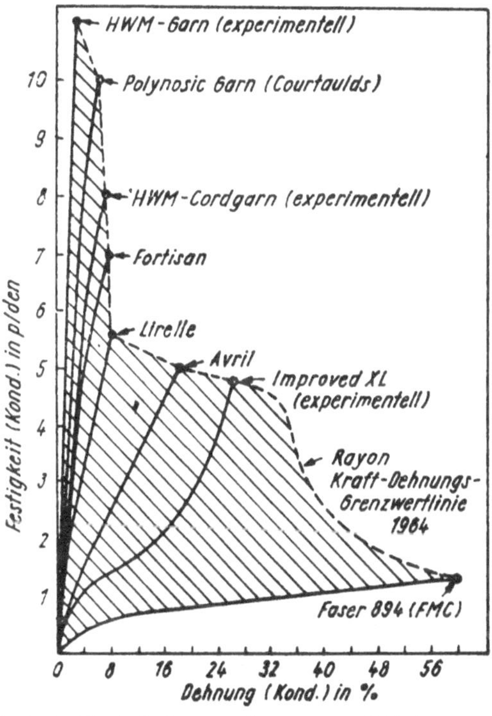

Abb. 4 Kraft-Dehnungs-Kurven von Celluloseregeneratfasern, Einzelfasern 1—3 den [10]

schaftlichen Erwägungen abhängig ist. Die Kraft-Dehnungs-Kurven (Abb. 5) von Natur- und Synthesefasern lassen eindeutig erkennen, daß Zelluloseregeneratfasern fast ideale Mischungskomponenten für Natur- und Synthesefasern sind, da sie sich praktisch allen Anforderungen anpassen lassen.

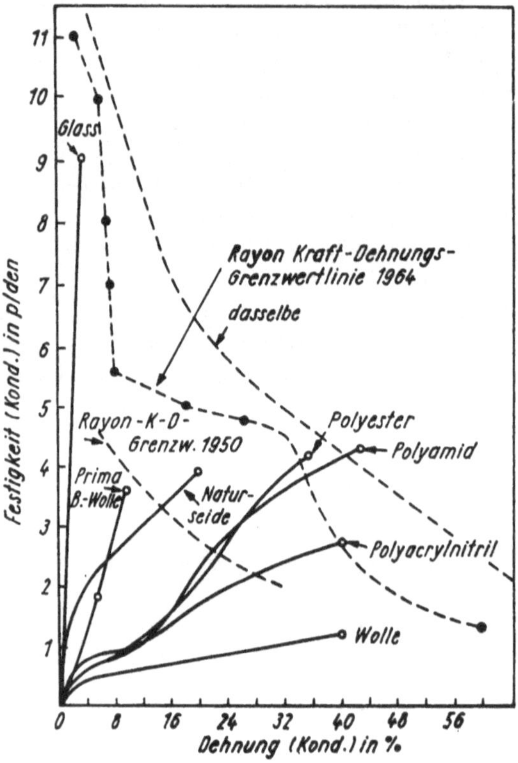

Abb. 5 Typische Kraft-Dehnungs-Kurven von natürlichen und synthetischen Fasern gegenübergestellt den K.-D.-Grenzen von Rayon [10]

Anfang der 60er Jahre haben wir und andere sicher nicht zu Unrecht von einer Renaissance der Viskosefaserstoffe und der Forschung auf diesem Gebiet gesprochen [11], die vor und während dieser Jahre bekanntlich auch zu (in den Abb. 4 und 5 auch wiedergegeben) ganz neuen Viskosefasertypen führten, von denen hier nur der Viskosesupercord und die Modalfasern genannt werden sollen. Der eindeutige Fortschritt gegenüber den bis dahin bekannten Viskoseseiden bzw. Viskosefasern (Zellwolle) lag in einer respektablen Erhöhung der Trocken- und Naßfestigkeit sowie in einer guten Annäherung der Naß- an die Trockenfestigkeit und nicht zuletzt in einer Verminderung des Quellwertes. Gleichzeitig wurde die Knickbruchfestigkeit verbessert (Abb. 6 und 7). Einige Nachteile, die die Textilindustrie den Viskosefaserstoffen beim Vergleich mit Baumwolle zu Recht immer wieder vorhielt, wurden dadurch weitgehend beseitigt; praktisch sind die physikalischen Konstanten der Viskosefaserstoffe des Modaltyps denen der Baumwolle angeglichen bzw. sie übertrafen sie sogar (Abb. 7). Diese für die Viskosefaserstoffe entscheidenden Fortschritte wurden im wesentlichen durch eine Präzisierung und Modifizie-

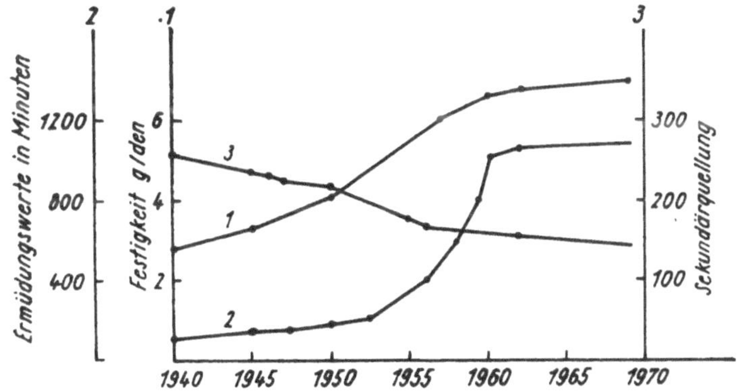

Abb. 6 Verbesserung der Festigkeit und des Ermüdungswiderstandes und Verminderung der Sekundärquellung von Viskosekord in der Zeit von 1940—1969 [nach H. A. KRAESSIG in Ind. and Engin. Chem. 62 (1970), Nr. 3, S. 8]

	Reiß-festig-keit (g/den) trocken	rel. Naß-festig-keit (in % Trocken-festigkeit)	Dehnung trocken	(%) naß	Naß-modul (g/den)	Quell-wert
klassische Zellwolle	2,0—3,1	55—58	14—30	22—30	5	95—100
hochfeste Zellwolle	3,0—3,5	60—70	14—23	18—28	5—8	60—100
superfeste Zellwolle	3,6—4,2	70—85	etwa 30	etwa 40	4—8	60—72
HWM-Zellwolle	3,0—6,0	70—83	7—15	8—20	13—25	55—70
Baumwolle	3,7	110	8,6—10	11—13	8—11	40—45

Abb. 7 Hochfeste und HWM-Zellwollen (Polynosics)

Art der Probe	Breite der Struktur-elemente A	N-Punkt mm
Viskose ohne Modifikator	750	200
Viskose mit 1 g/l CHA	520	310
Viskose mit 1,5 g/l Atlas G 1288	485	300
Viskose mit 1 g/l Berol L 603	375	800

Abb. 8 Zusammenhang zwischen Breite der Struktur und der Lage des Neutralpunktes beim Viskoseseide-Spinnprozeß

rung des Spinnvorganges, insbesondere durch eine Beschleunigung des Koagulationsverlaufes während der Fadenbildung, bei der kleine aber zahlreiche geordnete Bereiche entstehen (Abb. 8), und durch eine differenzierte Fadenverstreckung erreicht, die ihrerseits zu einer guten Orientierung der kristallinen und wahrscheinlich auch der amorphen Bereiche führen (Abb. 9). Das Resultat sind die besseren textil-physikalischen Konstanten.

Abb. 9 EM-Aufnahmen der Fadenoberflächen von normaler Viskoseseide (links) und Viskosesuperkord (rechts)

Am Beginn dieser Entwicklung standen die von Cox in den USA entdeckten sogenannten Viskosemodifikatoren [12], das sind z. B. Alkylamine oder äthoxilierte Amine bzw. Oxidwachse, die der Viskose zugesetzt werden [13]. Da diese neuen Verfahren eine Änderung des technologischen Regimes, insbesondere der Spinnerei, und damit zusätzliche Investitionen bis zur vollständigen Neuausrüstung klassischer Viskose-Anlagen erfordern, setzten und setzen sie sich — mit Ausnahme des Viskose-Supercords für Autoreifen — nur relativ zögernd durch. Hinzu kommt, daß auch diese modernen Verfahren zwei Nachteile der Viskosefaserstoffe nicht beseitigen: die relativ schlechte Knittererholung und die dem Viskoseverfahren immanente Umweltverschmutzung (schwefelhaltige Abgase und Abwässer in großen Mengen).

Nun läßt sich bekanntlich — ebenso wie bei Baumwolle — die Knitterneigung der Viskosefaserstoffe durch eine Hochveredelung mit geeigneten vernetzenden Mitteln (z. B. N-Methylolharnstoffe) verbessern und weitgehend beseitigen; dieser Vorteil wird aber in jedem Fall durch einen Verlust an Festigkeit erkauft, der jedoch hingenommen werden kann. Mancher von Ihnen hat das wahrscheinlich an seinen bügelfreien Baumwoll-Oberhemden beobachtet, bei denen Kragen und Manschetten schneller verschleißen als etwa an Hemden aus einer Mischung von Polyesterfasern mit Baumwolle.

Eine sehr aussichtsreiche neue Möglichkeit, Viskosefasern zu modifizieren, hat S. A. Rogovin mit seinen umfassenden Untersuchungen über die Propfcopolymerisation von Zelluloseregeneratfasern [14] erschlossen. Dadurch wurden nicht nur der Weg zu zahlreichen neuen Zellulosederivaten eröffnet, sondern zugleich auch verallgemeinerungsfähige Methoden für das Gesamtgebiet der chemischen Modifizierung von Makromolekülen durch Substitutionsreaktionen an funktionellen Gruppen aufgezeigt [15]. Auf Grund der bisher bekannt gewordenen technischen Anwendungen [16] dieser zunächst organisch präparativ ausgeführten Arbeiten der Rogovinschen Schule kann man mit einiger Wahrscheinlichkeit erwarten, daß die Eigenschaften bekannter Chemie-Faserstoffe und insbesondere der Viskosefaserstoffe nicht nur verbessert, sondern daß auch Fasern mit neuen textiltechnischen und sogar mit technisch wertvollen Eigenschaften erhalten werden (z. B. Knitterfestigkeit, Flammfestigkeit, Quellwerterniedrigung, permanent antimikrobielle Faserstoffe für Verbandmaterial und Krankenhauswäsche, faserförmige Ionenaustauscher usw.). Diese Methode der chemischen Modifizierung hat, wie Rogovin ausdrücklich betont, den Vorteil, daß sie in den meisten Fällen entweder während der Viskoseherstellung oder im Rahmen üblicher Nachbehandlungen vorgenommen werden kann, also keiner erheblichen Investitionen bedarf.

Allerdings ist damit die Umweltverunreinigung der Luft und des Wassers durch den Viskoseprozeß nicht beseitigt. Aber auch hier zeichnen sich — seit langem bekannte, aber neuerdings wesentlich verbesserte — Möglichkeiten ab, diese Verunreinigung insbesondere der Atmosphäre weitgehend zu verhindern; sie werden von Stöcker in einer kürzlich erschienenen Publikation [17] beschrieben. Ohne hier auf Einzelheiten einzugehen, sei nur erwähnt, daß solche Abgas-Reinigungsverfahren natürlich Investitionen erfordern und Kosten verursachen, sie werden von Stöcker je nach Anlagengröße auf 5—10% des Einstandspreises für Viskosefasern beziffert.

Ein ganz anderer Weg zur Vermeidung von Umweltverschmutzungen durch das Viskoseverfahren wird neben anderen Autoren auch von Philipp und Mitarbeitern [18] beschrieben, die neue Möglichkeiten zur Verformung der Zellulose untersuchten. Die Verfasser betonen, daß „die Suche nach umweltfreundlicheren Alternativen zum Viskoseprozeß seit etwa 10 Jahren eine ständige Frage und Herausforderung an die zellulosechemische Forschung darstelle“ und zeigen neue Möglichkeiten einer Lösungsverformung der Zellulose auf, die sich in der Anwendung niedrig substituierter Derivate oder im Einsatz nichtwässriger Lösungsmittel abzeichnen. Ich kann aus Zeitgründen auch hier leider nicht auf Einzelheiten eingehen, möchte

Ihnen aber die Schlußfolgerungen von PHILIPP und Mitarbeitern nicht vorenthalten. Sie lauten: „Resümiert man die bisherigen Ergebnisse zur Auflösung und Verformung der Zellulose mittels neuer unkonventioneller Verfahrenswege, zeichnet sich heute noch keine umfassende Substitution des Viskoseprozesses durch umweltfreundlichere Verfahren ab, so daß weitere Bemühungen zur Rationalisierung und Verbesserung des Viskoseprozesses, z. B. zur Verringerung des CS_2-Einsatzes, absolut notwendig und gerechtfertigt sind. Als ein auch technisch aussichtsreicher neuer Weg zur Herstellung von Zellulosefolien und wahrscheinlich auch -fäden ist die Verformung über niedrig substituierte Äther anzusehen. Ein Einsatz nichtwäßriger Lösungsmittel ist zumindest für die nähere Zukunft nicht wahrscheinlich, da neben ungelösten Fragen des Fadenbildungsprozesses und der Lösungsmittelrückgewinnung gerade bei den ... interessanten Systemen erhebliche toxikologische Probleme und Korrosionsschwierigkeiten auftreten." Die Autoren halten allerdings die gegebenen Möglichkeiten noch nicht für ausgeschöpft, so daß ihnen ein weiteres zielgerichtetes Suchen, „vor allem nach technologisch attraktiven Zweikomponentenlösemittelsystemen sinnvoll und aussichtsreich" erscheint.

Eine in den letzten Jahren vieldiskutierte Möglichkeit zur Verringerung der Umweltbelastung beim Viskoseprozeß stellt das sogenannte SINI-Verfahren dar, bei dem durch eine Doppelalkalisierung der Cellulose eine ausreichende Löslichkeit bei verringertem Substitutionsgrad mit Xanthogenatgruppen erzielt und gleichzeitig die Bildung sulfidischer Nebenprodukte herabgesetzt wird, so daß mit wesentlich geringerem CS_2-Einsatz gearbeitet werden kann, als beim klassischen Viskoseprozeß. Allerdings hat das in Finnland entwickelte SINI-Verfahren seine großtechnische Bewährungsprobe hinsichtlich Verfahrensökonomie und Produktqualität bisher noch nicht bestanden [50].

Faßt man das heutige Wissen über die Gewinnung von Zelluloseregeneratfaserstoffen zusammen und bedenkt, daß das Ausgangspolymere für Viskosefaserstoffe, die Zellulose, in der Natur ständig nachwächst — jährlich werden unter Fixierung von etwa 10^{17}—10^{18} kcal Sonnenenergie[5] allein durch Landpflanzen etwa 50 Mrd. t[6] dieses Polymeren neu gebildet [19] —, dann kann prinzipiell in Anbetracht der zwangsläufig abnehmenden Vorräte an fossilem Kohlenstoff die Bedeutung der Zelluloseregeneratfaserstoffe für die Bekleidung der Menschheit in Gegenwart und Zukunft kaum überschätzt werden. Hinzu kommt speziell für die DDR, daß — wie gesagt — die modernen Viskosefasertypen die Baumwolle, von der wir etwa 100 000 t/a für 8 000 VM je t importieren, in zahlreichen Textilien vollwertig ersetzen können. Zur Zeit hat die DDR mit etwa 160 000 t/a im Weltmaßstab eine Spitzenleistung in der Pro-Kopf-Erzeugung an Viskosefaserstoffen. Das ist nicht unbedingt ein Vorzug, weil erstens auch Zellstoff importiert werden muß und zweitens z. T. nach veralteten Verfahren gearbeitet wird und bei uns noch keine Modalfasern produziert werden. Umso mehr ist daher die in der Direktive des IX. Parteitages beschlossene Weiterführung der Rekonstruktion der Viskosebetriebe der DDR zu begrüßen, wobei sicherlich die z. Z. noch überhöhte Produktion an Viskosefasern zugunsten der Qualität verringert werden kann.

Ich halte es daher auch für unbedingt erforderlich, in angemessenem Umfang eine gezielte Forschung über Zelluloseregeneratfaserstoffe zu betreiben, die vorteilhafte technische Möglichkeiten und Varianten untersucht, damit wir die guten Eigenschaften der Zelluloseregeneratfasern für unsere speziellen volkswirtschaftlichen Gegebenheiten ausnutzen, die Umweltverunreinigung verringern oder ganz ausschalten. Ich bin überzeugt davon, daß die Zelluloseregeneratfaserstoffe auch in der Zukunft ein aussichtsreicher Fasertyp bleiben, insbesondere als Mischungskomponenten für Natur- und Synthesefasern.

Der bereits 1968 ausgesprochene Satz: „Wir können nicht länger den Kopf in den Sand stecken und behaupten, es werde niemals etwas geben, das 100% Baumwolle ersetze" [20], erscheint mir fast 10 Jahre später nichts an Aktualität verloren zu haben, wenn alle Erkenntnisse der modernen Faserphysik und -chemie eingesetzt werden, um die Lösung einer solchen Aufgabe wissenschaftlich abzurunden und wirtschaftlich zu vollenden. Wenn ich auch nicht glaube, daß man in absehbarer Zeit dazu übergehen wird, die für Baumwollanbau und Schafzucht genutzte landwirtschaftliche Fläche weitgehend der Erzeugung von Nahrungsmitteln zuzuführen, so darf man doch zwei Dinge nicht übersehen. Erstens besitzen die Naturfasern infolge ihrer Bindung an den Lebensrhythmus ihrer Träger (Schaf, Baumwollstrauch) nicht die gleiche Wandlungsfähigkeit, wie die von Menschenhand geschaffenen Fasern, und zweitens ist die Zelluloseproduktion des Waldes, der überdies einen unschätzbaren klimaregulierenden Einfluß besitzt, je Flächeneinheit etwa 10mal größer als die einer Baumwollpflanzung. Trotz gewisser ökonomischer Bedenken, die hinsichtlich der Viskosefaserstofferzeugung des öfteren geltend gemacht werden, dürfte für *unsere* Volkswirtschaft per Saldo doch ein Vorteil herauskommen.

IV.

Wenn Sie sich die Entwicklung der Produktion von Synthesefaserstoffen noch einmal vergegenwärtigen[7], können Sie sich sicher vorstellen, daß hier der Aufwand an Grundlagen- und angewandter Forschung sowie an verfahrenstechnischer Entwicklung erheblich höher war als — im gleichen Zeitraum — bei den Viskosefaserstoffen. Das war auch erforderlich; denn wenn ich zurückblickend bedenke, was wir in den Anfangsjahren der Polyamidseidenerzeugung alles *nicht* wußten, dann wundert es mich, daß wir damals überhaupt eine einigermaßen reguläre Produktion zustande brachten. Es ist in der Tat erstaunlich, wieviel man in der chemischen Industrie verfahrenstechnisch mit guten empirischen Kenntnissen fertig bringen kann. Ich teile übrigens die Meinung von S. Ja. Frenkel, daß „eine solche Situation zwischen Wissenschaft und Technologie unvermeidlich ist, wenn die Wissenschaft aus dieser Technologie entstand". (Das umgekehrte Beispiel ist die Kernenergetik und -technologie) [23]. Kein Geringerer als der bekannte amerikanische Polymerchemiker und Nobelpreisträger P. A. Flory beschrieb erst kürzlich [21] die Situation der 30er Jahre. „Ich startete am Anfang der modernen Polymerwissenschaft

(1934, Labor CAROTHERS), und erst rückschauend weiß ich, wir wußten überhaupt nichts, so viel konnte getan werden. Man war neugierig auf den Mechanismus der Polymerisation, auf die Eigenschaften der Makromoleküle, auf polymere Materialien, auf die Konstitution ihrer Moleküle und darauf, was passierte, wenn sie gelierten und vom plastischen in den gummiähnlichen Zustand übergingen. Alle diese Dinge waren mysteriös und erregten unsere Neugier."

So war es ausgangs der dreißiger Jahre in der Tat. Um so bemerkenswerter sind deshalb zwei Tatsachen: erstens die Weitsicht, mit der bereits damals — wie SCHLACK schreibt [4] — in den Ausgangsmaterialien Kaprolaktam und Hexamethylenadipamid sofort die jeweils optimale Lösung gefunden wurde, ohne kostspielige Umwege zu machen und zweitens, daß die Frage, ob wohl Polyamid-Faserstoffe von gleicher wirtschaftlicher Bedeutung wie Nylon 6 und 66 entwickelt würden, bereits vor 25 Jahren von EDGAR und HILL [22] ganz richtig mit nein beantwortet wurde. Ferner kann und konnte man mit hoher Wahrscheinlichkeit voraussagen, daß es in Zukunft keine Idealfaser geben wird, die *alle* Ansprüche der textilen Verarbeitung und der Verbraucher erfüllt, d. h. die Naturfasern, die „Großen Vier" Synthesefaserstoffe und die Zelluloseregeneratfaserstoffe werden — rein oder in Mischung verarbeitet — (2 oder 3 Komponenten) das Feld auch weiterhin behaupten. Daß daneben kleinere Produktionen von Spezialfasertypen (Quiana, Nomex, Hochtemperaturbeständige Fasern, durch Copolymerisation modifizierte Fasern, Faserlegierungen, Elastomerfasern) existieren, widerlegt diese Prognose nicht. Im übrigen ist das nichts Ungewöhnliches; denn niemand würde auf die Idee kommen, etwa Edelstahl einzusetzen, wo man Gußeisen benutzen kann usw. Ich glaube fast, die Metallurgen und Konstrukteure waren und sind da weitsichtiger, als es bisweilen die Faserstoff- und Textiltechnologen sind (allerdings ist die Metallurgie aber auch nicht von der Mode abhängig!); denn ich weiß nicht, ob schon einmal ernsthaft überlegt wurde, die weit man Textilfaserstoffe *auch* unter dem Gesichtspunkt ihrer *späteren Beanspruchung* einsetzen kann, wie man das bei Metallen ja in der Regel tut. Ich meine für Bekleidung, nicht für technische Textilien.

Abgesehen von dieser vielleicht etwas zugespitzten, aber — wie sich später zeigen wird — doch nicht ganz unberechtigten Frage ist es doch beeindruckend, was verfahrenstechnisch — aufbauend auf vierzig Jahren Faserphysik und Faserchemie — erreicht wurde. Die drei generellen Fabrikationsstufen der PA- und PE-Faserstofferzeugung

- Polymerisation bzw. Polykondensation,
- Schmelzspinnen bei 260...280 °C,
- Kaltverstrecken und textile Aufbereitung

sind prinzipiell unverändert beibehalten worden, aber die Parameter haben sich doch wesentlich geändert.

Gestatten Sie mir, daß ich hier an einen Vortrag [24] anknüpfe, den ich 1951 auf einer Arbeitstagung Deutscher Chemiker in Leipzig gehalten habe. Ich untersuchte, welche Möglichkeiten beim damaligen Stand der Technik sich anboten, Polyamid-

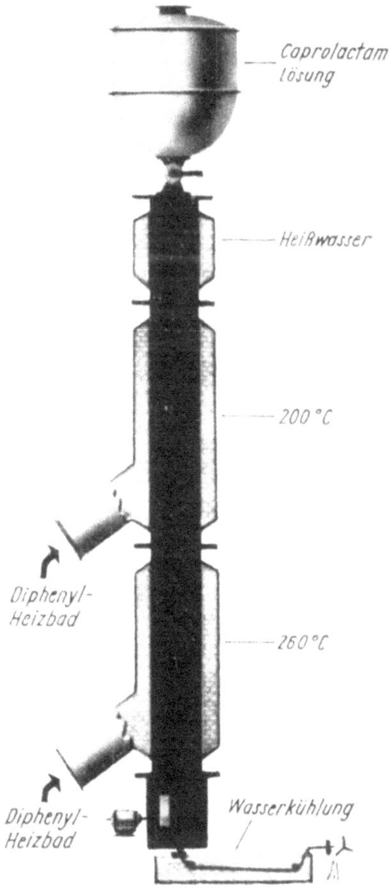

Abb. 10 VK-Rohr (schematisch)

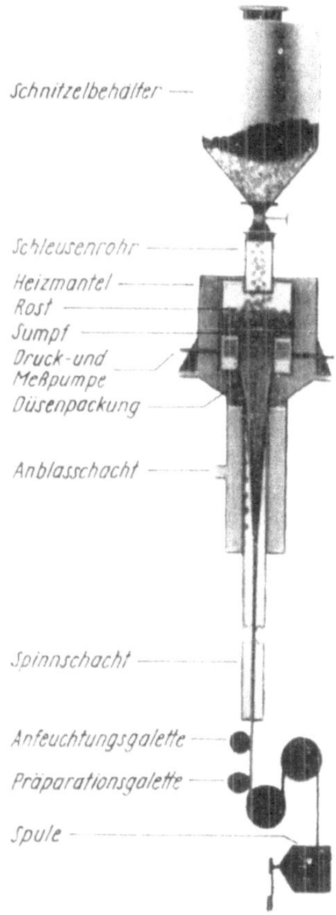

Abb. 11 Rost-Spinnkopf (schematisch)

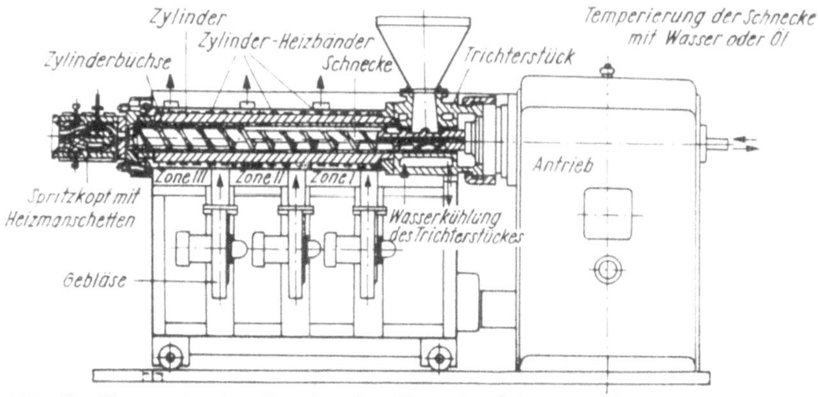

Abb. 12 Konventioneller Einschnecken-Extruder (schematisch)

seide schneller und billiger zu produzieren. Ich glaubte damals, den folgenden, wahrscheinlich erreichbaren, aber vorsichtshalber noch als Idealverfahren bezeichneten Fabrikationsgang voraussagen zu können:

- Direkterspinnen aus dem VK-Rohr ohne zwischengeschaltete Herstellung von Polyamid-Granulat (Schnitzel),
- Zwirnen und Kaltstrecken auf kombinierten Maschinen, die mit DD-Spindeln[8] ausgerüstet sind.

Um es kurz zu machen, ich habe mich gründlich geirrt. Das einzige, was sich in der Tat durchsetzte, war die vereinfachte, kontinuierliche Polymerisation im VK-Rohr (Abb. 10). An die Stelle des von mir prognostizierten Direkterspinnens *ohne* Polyamidgranulat als Zwischenstufe trat das heute allgemein geübte Aufschmelzen der Schnitzel in Extrudern und anschließendem Erspinnen der Seide, wodurch die früher üblichen Rostspinnköpfe (Abb. 11 und 12) ersetzt wurden. Dabei stiegen die Spinngeschwindigkeiten von 800...1000 m/min auf 4000...6000 m/min, d. h. die Möglichkeit des sogenannten Schnellspinnens wurde 1951 von mir gar nicht in Betracht gezogen. Anstelle der Kombination Zwirnen — Strecken tritt heute z. B. das SRW-Verfahren (Spinn-Streck-Winde-Verfahren), d. h. das *Spinnen* und *Strekken* in einem Arbeitsgang (Abb. 13) und das Streck-Texturier-Verfahren „schnellgesponnener" Seiden. An das Texturieren dachte damals wohl niemand von uns.

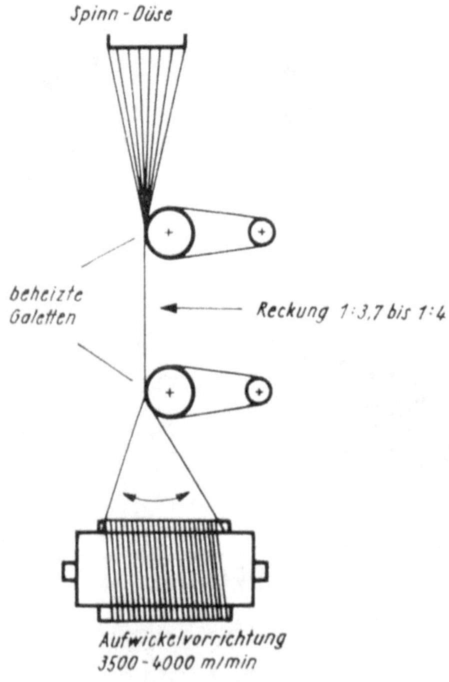

Abb. 13 Spinn-Streck-Winde-Verfahren (schematisch); SSW-Verfahren

Zwei Dinge erscheinen mir hieran bemerkenswert, und nur deshalb habe ich darüber gesprochen: erstens die Tatsache, wie leicht man sich in der Einschätzung der voraussichtlich aussichtsreichsten Verfahrenstechnik irren kann und zweitens, wie schwierig es infolgedessen ist, eine verfahrenstechnisch einigermaßen richtige Prognose aufzustellen, da neue technologische Entwicklungen offenbar schwer vorauszusehen sind. Um Mißverständnissen vorzubeugen: Ich sage das nicht, um meinen Irrtum zu entschuldigen. Ich bin überzeugt, die Verfahren der Kernenergiegewinnung, die kohlechemischen und petrochemischen Verfahren, die modernen mikrobiologischen Verfahren usw. wären ebenfalls 25 Jahre früher nicht vorauszusagen gewesen, zumindest nicht in der Art, wie sie heute betrieben werden.

Was durch die neuen Verfahren in den letzten 25 bis 30 Jahren an Rationalisierung und Produktivitätssteigerung erreicht werden konnte, zeigt Ihnen am eindrucksvollsten die nächste Abb. 14. Die Wickelgewichte verstreckter Seide stiegen von 300 g auf 3 000 g und in Versuchsfertigungen sogar auf 16 kg, d. h. auf diesen Spulen befinden sich Fadenlängen von 600/900 km bzw. von 4 500/5 000 km, wohlgemerkt ohne einen Fadenbruch. Das SRW-Verfahren und die Schnellspinnverfahren ergeben Arbeitsproduktivitätssteigerungen auf 150...250% im Vergleich mit den klassischen Verfahren [25].

Diese Rationalisierung und Produktivitätssteigerung bei gleichzeitiger Steigerung der Qualität der erzeugten Synthesefaserstoffe erforderten erhebliche und umfangreiche Anstrengungen in der Grundlagen- und angewandten Faserstoff-Forschung.

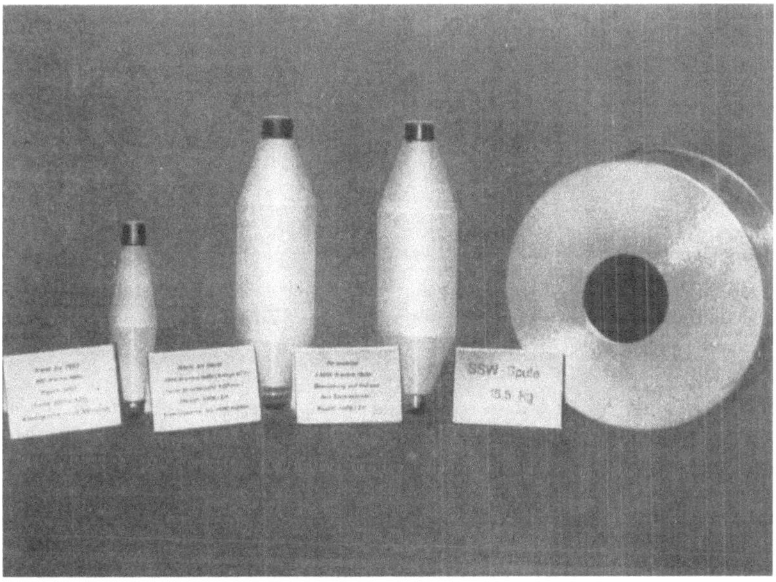

Abb. 14 Steigerung der Wickelgewichte von 1940 bis 1975 von links = Kops 300 g (1940—1945); mitte = Kopse 3 000 g bis 4 000 g (1975—1977) bis rechts SSW-Spule 15,5 kg (1975—1977)

Während der Reaktionsablauf der Polykondensation von Dicarbonsäuren und Diaminen von Anbeginn an klar war, dauerte es bis zum Ende der fünfziger Jahre [26], ehe der Mechanismus der Kaprolaktampolymerisation restlos aufgeklärt werden konnte. Es wurden also — und diese Tatsache möchte ich auch konstatieren — Millionen Tonnen von Kaprolaktam großtechnisch zu Polykaproamid verarbeitet, ohne den Reaktionsmechanismus dieser qualitätsbestimmenden Fabrikationsstufe genau zu kennen. Erst im Laufe dieser Zeit wurden sehr wichtige Zusammenhänge erkannt, so z. B. zwischen Polymerisationszeit, -temperatur, -druck und dem Wasser- und Initiatorgehalt zu Beginn der Polymerisation. Wir wissen heute auch, daß die Gleichmäßigkeit der PA-Seide besonders im Hinblick auf ihre Festigkeit und auf die Anzahl der in den Kapillarfänden auftretenden Defekte, Fadenbrüche, Flusen usw. unmittelbar von der gleichmäßigen Dosierung und Aufwärmung des Caprolaktams, dem vollständigen Entfernen des während der Reaktion freiwerdenden Wassers als Dampf, der exakten Temperaturführung und dem gesteuerten Verlauf der dauernd zähflüssiger werdenden Schmelze abhängt [27].

Diese und später noch zu diskutierende Zusammenhänge zwischen Verfahrensparameter und Eigenschaften der Fasern scheinen mir von ausschlaggebender Bedeutung zu sein. Man kann bekanntlich an Hand der Bindungsenergien und der physikalischen Molekülwechselwirkungen berechnen, welche mechanischen Festigkeiten Textilfaserstoffe haben sollten (Abb. 15). Die Diskrepanz zwischen diesen

Faserstoff	theoret. Festigkeit in Rkm	reale Festigkeit in Rkm
Baumwolle	320	54
Viskose	330	90
Wolle	390	20
Seide	370	45
Polyamid	440	90

Abb. 15 Theoretische und praktisch erreichte Festigkeiten einiger Faserstoffe. (Berechnet auf der Grundlage der Zugfestigkeit für 1 mm^2 unter Zugrundelegung einer Durchschnittsfeinheit von 1,2 den [0,13 tex].)

„theoretischen" und den praktisch erreichten Festigkeiten ist sofort zu erkennen. Die Frage, worauf diese Diskrepanz beruht, hat viele Autoren beschäftigt, ohne daß bisher eine befriedigende Antwort darauf gegeben werden konnte, ich nenne hier nur Kargin, Michailow und Perepelkin, H. Mark [28]. Den bisweilen geäußerten Optimismus [29], daß diese Antwort in absehbarer Zeit gefunden werde, teile ich keineswegs, mindestens nicht in dem Sinne, daß bei den üblichen Chemiefasern in einer absehbaren Frist die „theoretischen Festigkeiten" annähernd erreicht werden. Es hat sich ja inzwischeen herausgestellt, daß durch eine höhere Ordnung oder eine dichtere Packung der Makromoleküle allein dem Problem nicht beizukommen ist; die bisweilen als Gegenbeispiel angeführten Kohlenstoff-Fasern und Graphit-Whisker mit ihren extrem hohen Festigkeiten erscheinen mir nicht beweiskräftig, da sie keine Textilfaserstoffe im Sinne eines Bekleidungsrohstoffs sind. Ich möchte hier auf die von BOBETH und KITTELMANN [30] bereits 1962 vorgelegten Untersuchungen hinweisen, in denen die genannten Autoren (Abb. 16) zeigten, daß die Kapillarfadenfestigkeiten eines Viskosesupercords mit einer mittleren Reißfestigkeit von 50...54 Rkm zwischen 20 und 90 Rkm schwanken können. Ich fürchte — die Untersuchungen sind leider nicht fortgesetzt worden —, derartige Differenzen sind typisch für alle Chemiefasern, und sie zeigen als hervorstehendes Merkmal die außerordentliche Ungleichmäßigkeit der Seiden, sobald man die Festigkeit der Kapillaren bestimmt und das Summenhäufigkeitsdiagramm aufnimmt. Diese einfach auf mechanisch entstandenen Fehlstellen — trotz aller Bemühung um die Vergleichmäßigung der Polymerisation, des Erspinnungsprozesses und der Verstreckung — und auf Fehlordnungen der Faserstruktur beruhenden Ungleichmäßigkeiten sind eine Ursache, daß wir die theoretischen Festigkeiten großtechnisch noch nicht erreichen konnten. Neuere Untersuchungen haben ergeben, daß die „niedrigen Festigkeiten" im Vergleich zu den „theoretischen Festig-

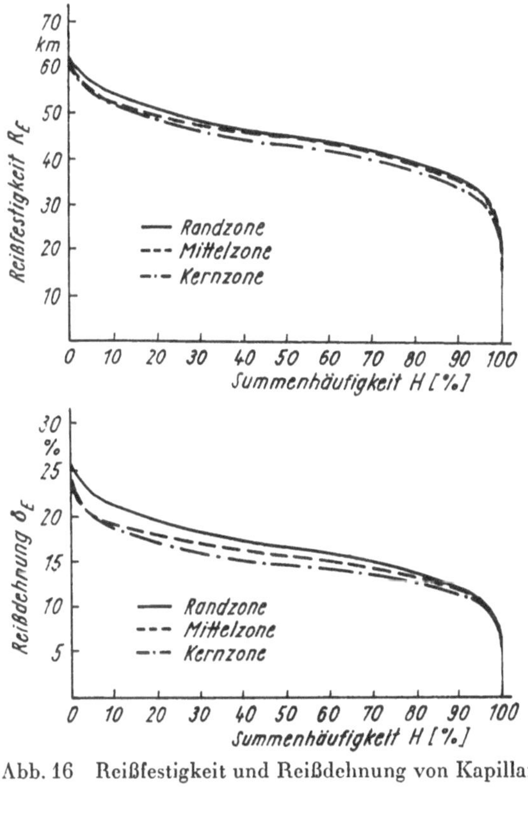

Abb. 16 Reißfestigkeit und Reißdehnung von Kapillarfäden (Superkord)

keiten“ auch durch den bei normal produzierten Fasern geringen Anteil an durchlaufenden, gestreckten Ketten bedingt sind (Peterlin). Versuche zur Herstellung von Folien und Fäden mit erhöhtem Anteil an durchlaufenden, gestreckten Ketten (z. B. S. A. Frenkel und Boranow) führen zu Gebilden mit wesentlich höheren Festigkeiten. Eine ganz andere Frage ist natürlich, ob wir überhaupt daran interessiert sind, Fasern mit solchen enormen Festigkeiten zu bekommen. Für Bekleidungszwecke dürften derartig extrem feste Fasern kaum, für technische Textilien aller Art aber sehr begehrenswert sein; man muß hier sicher differenzieren. Der Vollständigkeit halber sei hier noch erwähnt, daß bei den später behandelten hochtemperaturbeständigen Polyamid- und Polyimidfaserstoffen Festigkeitswerte erreicht werden, die wesentlich höher sind als die der „klassischen“ Polyamide; dabei handelt es sich um hochpolymere Typen mit „steiferen“ Ketten, mit ringförmigerer (Aromaten, Heterozyklen) Konstitution, die einen höheren Anteil „durchlaufender“ Ketten besitzen. Allerdings sind dies Spezialtypen, die bisher nur in geringen Mengen produziert werden.

Für mich taucht hier noch ein zweites Problem auf, für das es bisher keine Erklärung gibt. Worauf beruht die außerordentliche hohe, alle anderen Fasern um fast eine Größenordnung überragende Knickbruch- und Abriebfestigkeit der PA-Faserstoffe? Ist das eine Folge der chemischen Konstitution oder eine Folge des strukturellen Aufbaus? Ich kenne die Antwort nicht, und m. W. gibt es auch keine Untersuchungen darüber.

Wir wissen heute, daß schon während der Polymerisation in der Schmelze eine

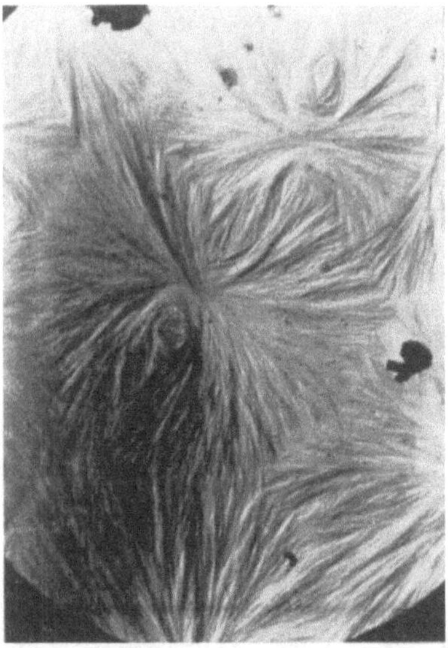

Abb. 17 Polyamid-6-Sphärolithe, Abkühlung 16 grad/min; Vergr. 1 : 2200

Faltung von Kettenmolekülen beginnt, und es entstehen so vorgeordnete Bereiche mit Abmessungen von maximal etwa 50 Å. Nach dem Ausgießen des Polymerisats aus dem VK-Rohr, während der Granulat-(Schnitzel)-Herstellung und während der Lagerung (meist unter Wassereinfluß) beginnen Ordnungsprozesse. Die Kristallstruktur hängt von der Kristalisationsgeschwindigkeit, die für das jeweilige Material auf Grund der Vorordnung und der chemischen Daten charakteristisch ist, und von den äußeren Bedingungen, z. B. von der Abkühlungsgeschwindigkeit ab. Morphologisch kann sowohl extrem feinkristallines als auch Material mit extrem großen Sphärolithen entstehen. Hier bestehen inzwischen gut bekannte Zusammenhänge zwischen der Konzentration und der Beweglichkeit nichtpolymerer und nichtkristallisierender Bestandteile des Polymeren sowie zwischen der Kristallisationsgeschwindigkeit und der Abkühlung. Die Mannigfaltigkeit der Erscheinungsformen können Sie aus den Abb. 17...19 ersehen.

Es ist übrigens seit längerer Zeit bekannt, daß die Struktur des Polyamids *vor* dem Schmelzen einen Einfluß auf die Fadenbildung ausübt. Im IPOC[9] konnte vor kurzem nachgewiesen werden, daß Polyamid eine Art „Strukturgedächtnis" besitzt, das unter gewissen Bedingungen sowohl die Strukturmodifikationen als auch die Sphärolithstruktur *nach* dem Schmelzspinnen beeinflußt [52]. Ich möchte hier wiederum darauf hinweisen, daß diese und die folgenden, für die Fadeneigenschaften sehr wichtigen Zusammenhänge vor noch gar nicht so langer Zeit unbekannt waren und ebenfalls erst ermittelt wurden, nachdem schon eine sehr beachtliche Produktion an Synthesefasern existierte.

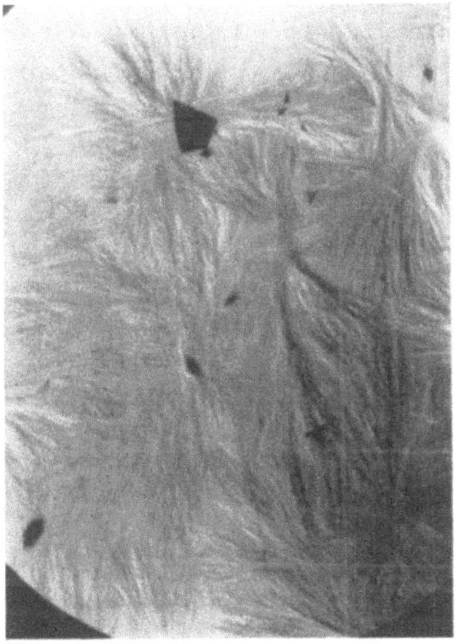

Abb. 18 Polyamid-6-Sphärolithe, Abkühlung 32 grad/min; Vergr. 1 : 2200

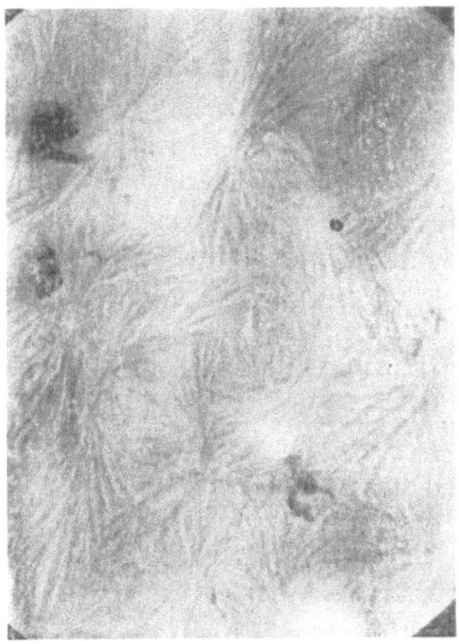

Abb. 19 Polyamid-6-Sphärolithe, Abkühlung 64 grad/min; Vergr. 1 : 2200

Nach dem soeben Gesagten ist es nicht überraschend, daß sich beim Schmelzspinnen und bei der nachfolgenden Verstreckung recht komplizierte und vielfältige Ordnungsvorgänge in den molekularen und übermolekularen Bereichen abspielen. Es würde hier viel zu weit führen, darauf im einzelnen einzugehen, außerdem gibt es sicher Berufenere als mich — den Chemiker —, an dieser Stelle darüber sachverständig zu reden; vielleicht kommt es einmal dazu, ich würde es jedenfalls begrüßen; denn Polymere dürften ja auch recht interessante Festkörper sein. In aller Kürze nur noch so viel: Solche Vorgänge wirken sich wahrscheinlich bei der Strukturausbildung in frisch ersponnenen Fäden hemmend oder beschleunigend auf die Ordnungsbildung aus. In dicken, unter geringem Verzug ersponnenen Fäden sind Sphärolithe nachgewiesen worden, die bei zunehmendem Verzug deformiert werden; in normalen, großtechnisch hergestellten Polyamidseiden treten wahrscheinlich keine ausgebildeten Sphärolithe auf, diese würden beim Verstrecken sogar zum Fadenbruch führen. Darüber hinaus hat die Luftfeuchtigkeit noch einen beträchtlichen Einfluß auf die Fadenstruktur; unter der Einwirkung von Wasser verbessert sich die Ordnung im Faden. Unter diesen Umständen muß es uns heute eigentlich verwunderlich erscheinen, daß erst in der zweiten Hälfte der fünfziger Jahre die ersten Arbeiten über die Abkühlungsgeschwindigkeit der Fäden unterhalb der Düse sowie über die Abnahme des Fadendurchmessers während des Spinnvorganges bekannt wurden [31]. Auch diese für die Fadenbildung und -struktur maßgebenden Vorgänge wurden zunächst rein empirisch ermittelt. Wir fanden seinerzeit, daß der Spinnschacht, d. h. die Entfernung zwischen Düse und Aufwickelorgan, etwa 4...5 m betragen müßte und bauten dementsprechend lange Spinnschächte. Aus den Fadenabkühlungskurven wissen wir heute, daß praktisch nach etwa 100 cm der Faden von 250...270 °C auf Raumtemperatur abgekühlt ist. Wenn nun die 4 bis 5 m langen Spinnschächte in der Regel trotzdem beibehalten wurden, dann dürfte das im wesentlichen für die Einstellung der gewünschten Ordnung in den molekularen Bereichen des Fadens (Kristallisation, Orientierung) notwendig sein, die langsamer verläuft als die Abkühlung. Sehr frühzeitig wurde auch die Beobachtung verwendet, daß die Fadenbildung sehr empfindlich auf Einflüsse reagiert, die kurz unterhalb der Düse (bis 15 cm) auf den erstarrenden Faden einwirken, infolgedessen wurden die Fäden im oberen Teil des Schachtes mit klimatisierter Luft quer angeblasen und gleichmäßig abgekühlt. Unterläßt man das, entstehen starke Unregelmäßigkeiten im Fadendurchmesser, die in den Abb. 20 a und 20 b zu sehen sind. Es ist klar, daß derartige Erscheinungen die Seide für die textile Verwendung unbrauchbar machen. Es hat etwa 3 bis 5 Jahre gedauert, bis wir herausgefunden hatten, wodurch diese „Dickstellen oder Masern“ hervorgerufen wurden.

Für alle, die 1938/39 erstmalig Polyamidfäden in der Hand hatten, war das Phänomen der irreversiblen Kaltstreckbarkeit wohl am erregendsten. Dieser Streckprozeß ist praktisch und theoretisch besonders interessant; trotzdem ist sein Mechanismus auch heute noch nicht vollständig und eindeutig geklärt. Es gibt gute Gründe dafür anzunehmen, daß die meisten faserbildenden Polymere eine Zwei-

Phasen-Feinstruktur besitzen; sie sind aus geordneten (kristallinen) und ungeordneten (amorphen) Bereichen aufgebaut, wie sich z. B. aus Röntgendiagrammen der Fasern ableiten läßt. Modellvorstellungen von der Zwei-Phasen-Struktur sind in Abb. 21 wiedergegeben [32]. Das älteste Modell wurde bereits 1930 entwickelt

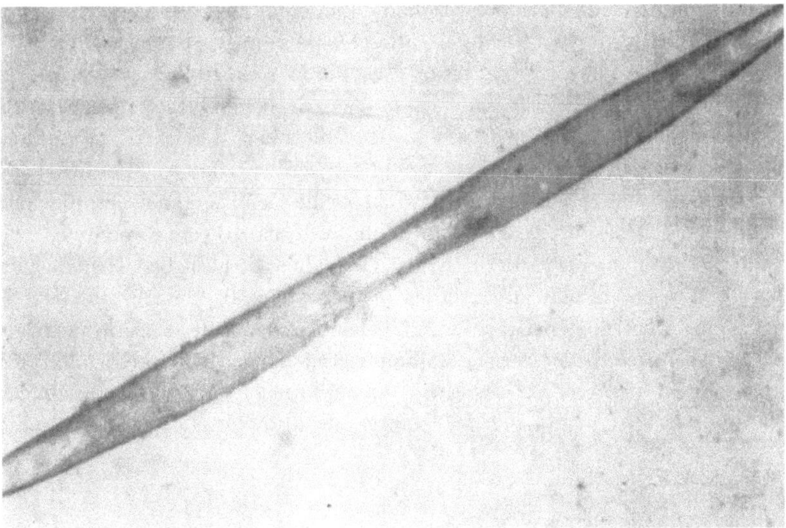

Abb. 20 a Kapillarfaden-Knötchen bei Polyamid-6-Seide; „Spinnknötchen“

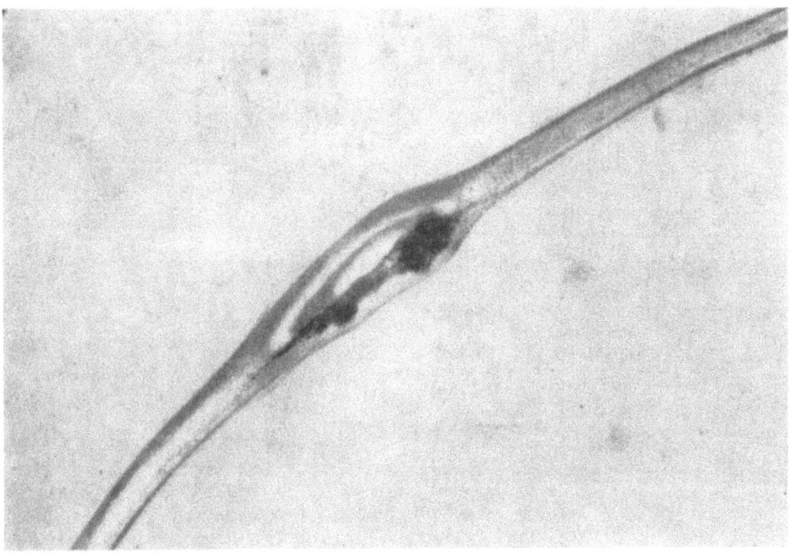

Abb. 20 b Kapillarfaden mit Einschlüssen bei Polyamid-6-Seide

(Fransen-Mizellen nach Abitz, Gerngross und Herrmann). Hess und Kiessig entwickelten 1944 für verstreckte Fäden eine sehr regelmäßige periodische Folge von geordneten und ungeordneten Bereichen. Die dann 1959—1972 von Statton, Hosemann, Fischer und Pächold vorgeschlagenen Zwei-Phasen-Modelle berücksichtigten die inzwischen entdeckten Lamellen oder Faltungsstrukturen und beseitigten Fehler, die den früheren Modellen zweifelsohne anhafteten, aber wie gesagt, die endgültige Entscheidung über die Richtigkeit dieser Vorstellungen ist noch offen.

In faserförmigen Polymeren wird in der Regel immer ein zusätzliches Ordnungsprinzip angewandt. Die Feinstruktur kann dadurch verändert werden, daß die Makromoleküle in den kristallinen wie in den amorphen Bereichen zusätzlich in Richtung der Faserachse geordnet bzw. orientiert werden. Die Orientierung ist ein typisches Merkmal der Verstreckung; dabei *steigt* die Reißfestigkeit, und die Reißdehnung der Fasern *nimmt ab*. Es kann heute auch als sicher angenommen werden, daß das Zerreißen der Fasern in den amorphen Strukturbereichen beginnt oder überhaupt vor sich geht, da in ihnen die Durchgangskettenzahl niedriger ist als in den „ideal" geordneten Bereichen [33]. Die Festigkeit der Fasern hängt von ihrem Orientierungsgrad ab. Der Kristallinitätsgrad ist neben der Kristallitorientierung aber nicht der letztlich entscheidende Parameter, der die mechanischen Eigenschaften der Fasern mit übermolekularer Struktur korreliert, wie lange Zeit

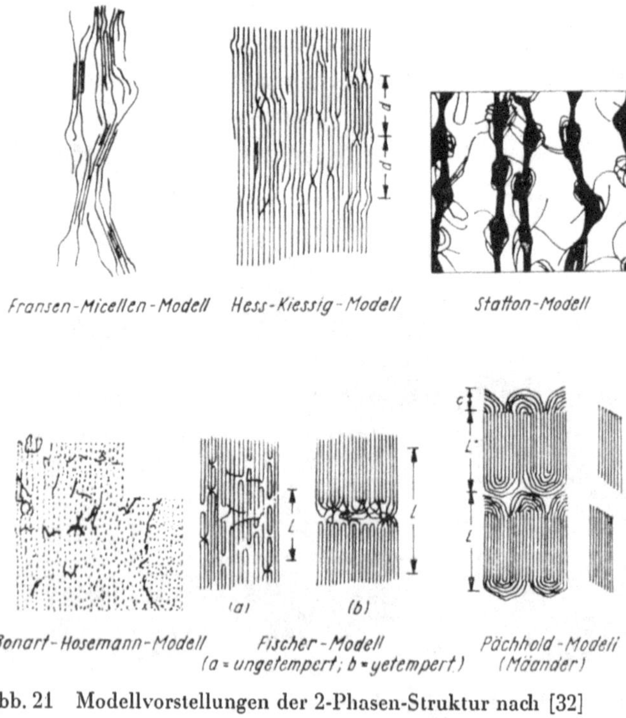

Abb. 21 Modellvorstellungen der 2-Phasen-Struktur nach [32]

angenommen wurde. Strukturänderungen in den amorphen Bereichen können einen erheblich größeren Einfluß auf die mechanischen Fasereigenschaften haben als Änderungen des Kristallinitätsgrades [34]. Aus der Abb. 22 [35] ist unmittelbar zu erkennen, daß es neben der Kristallitorientierung auch eine Orientierung der amorphen Bereiche gibt, die bei hohen Verstreckungen sogar stärker zunimmt als die Kristallitorientierung. Wenn man beispielsweise hochfeste Polykaproamidfäden herstellen will, sind folgende Faktoren zu beachten [27]:

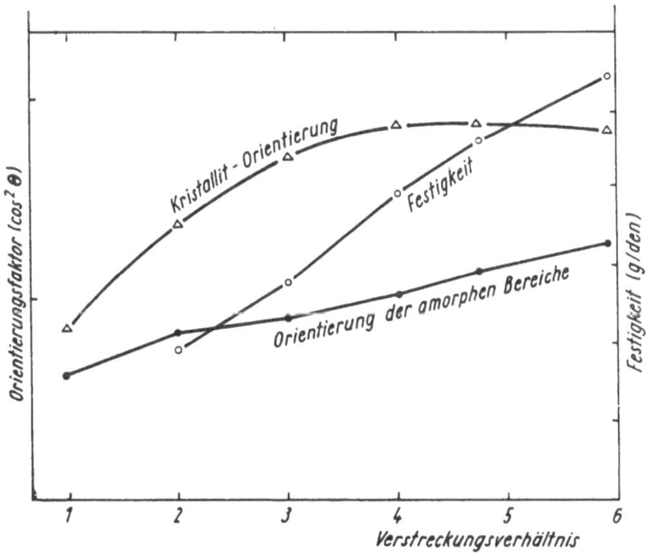

Abb. 22 Einfluß der Orientierung auf die Festigkeit von Nylon-6-Seide nach [35]

1. Verwendung eines Polykaproamids mit einem hohen Zahlenmittel-Molekulargewicht.
2. Bildung sehr kleiner Kristallite von einheitlicher Größe.
3. Weitgehende Verringerung der Unterschiede im Ordnungsgrad zwischen den kristallinen und amorphen Bereichen, z. B. durch Steigerung des Orientierungsgrades der amorphen Anteile.
4. Vermeidung eines zu hohen Anteils an Kettenfaltung, aus der eine Verschlechterung der physikalisch-mechanischen Eigenschaften resultiert.

Die molekularen Deformationsprozesse während der Verstreckung waren naturgemäß immer wieder Gegenstand von Untersuchungen, trotzdem gibt es auch hier noch keine eindeutige Klarheit, wie sie ablaufen.

Prinzipiell dürfte die Deformation durch Kaltverstreckung in einem komplizierten Umstrukturierungsprozeß bestehen, bei dem die ursprünglich vorhandenen Lamellen oder Sphärolithe völlig oder teilweise zerstört werden unter Ausbildung einer Fibrillarstruktur, wobei ziemlich sicher zu sein scheint, daß alle Synthesefasern (nach der Verstreckung) aus feinen Fibrillen mit einem Durchmesser < 1 µm aufgebaut sein dürften. Die Vorstellungen über die Feinstruktur dieser Fibrillen wurden an Hand der Abb. 21 bereits beschrieben [32, 36]. Hinsichtlich der festigkeitsbestimmenden Einflüsse der Verstreckung möchte ich noch einmal daran erinnern, daß hier ebenso wie bei Viskosefaserstoffen die Reißfestigkeit erheblich vom Vorhandensein von Fehlstellen (Risse, Inhomogenitäten, feinste Hohlräume, den bereits erwähnten strukturellen Ungleichmäßigkeiten usw.) abhängt; daß ein bei 800...1 000 m/min ausgeführter Kaltstreckprozeß sehr empfindlich auf das Vorhandensein solcher Defekte reagiert, ist sicher nicht von der Hand zu weisen; deshalb dürfte auch heute noch die bereits in den 40er Jahren erkannte Faustregel richtig sein, daß der überwiegende Teil der Probleme, die in der Fabrikation beim Strekken immer wieder einmal auftreten, nur durch sehr gewissenhafte Kontrolle derjenigen Vorgänge vermieden werden kann, die bis zu einer Entfernung von ca 15 cm unterhalb der Spinndüse ablaufen bzw. abgelaufen sind. Dabei wird nicht übersehen, daß mechanische Schädigungen auch später z. B. an Fadenführern, bei der Changierung und beim Wickelaufbau auftreten können.

Als Fazit kann man sagen, daß die Forschung der letzten 30 Jahre unsere physikalisch-chemischen und technologischen Kenntnisse und Erkenntnisse über die Herstellung von Synthesefaserstoffen außerordentlich vertieft hat, daß aber von einem abgeschlossenen Wissen noch keinesfalls die Rede sein kann. Eben das wollte ich zeigen.

V.

Dasselbe läßt sich über die Eigenschaften der Synthesefasern bzw. der Chemiefasern insgesamt sagen. Neben ganz hervorragenden Gebrauchseigenschaften wie z. B. die hervorragende Reiß-, Abrieb- und Biegefestigkeit von Polyamidfaserstoffen, die sehr gute Knitter- bzw. Formbeständigkeit von Polyesterfaserstoffen (neben guten bzw. sehr guten Festigkeitseigenschaften) und die Bauschigkeit von Polyakrylnitrilfaserstoffen gibt es einige Verhaltensweisen, die immer wieder als unzureichend bzw. den Wünschen der Verbraucher nicht entsprechend bezeichnet werden. Vor allem sind dies die geringe Feuchtigkeitsaufnahme, die elektrostatische Aufladung und die starke Anschmutzbarkeit von Synthesefaserstoffen. Diese Nachteile, welche übrigens die Zelluloseregeneratfaserstoffe nicht im gleichen Maße aufweisen, sind so lange bekannt wie die Synthesefasern selbst, und es hat nicht an umfangreichen Bemühungen gefehlt, dies abzuändern. Dabei haben sich Erfolge — sehr zögernd — erst in den letzten Jahren eingestellt und das auch nicht durchgängig.

Infolgedessen werde ich auch etwas allergisch, wenn in der Literatur immer wieder von „Fasern nach Maß" gesprochen wird, die wir machen könnten. Ich meine vielmehr, Zollinger hatte durchaus recht [22], als er bereits 1971 schrieb: „Ist es nicht heute noch so, daß (immer nur) *ein* ‚Maß' zugeschneidert wird und daß wir die anderen Maße nur schwer, wenn überhaupt ins ‚Maß' bringen können? Ist nicht unser Kollege am Ende der ‚Textilkette‘, der Maßschneider, doch der einzige, der bis jetzt diesen Titel führen darf?“ Denn nur er ist in der Lage, alle Maße seinem Kunden individuell anzupassen, nicht aber der Faserhersteller; denn wir passen doch jeweils in der langen Prozeßführung vom Rohstoff bis zur fertigen Bekleidung höchstens ein oder zwei „Maße“ den Wünschen der Verbraucher an. ZOLLINGER schlägt daher den Ausdruck „Faser nach Wunsch“ vor, wobei derartige Verbraucherwünsche erfüllt werden können, sofern sie chemisch-physikalisch vernünftig sind.

Wir sollten uns an dieser Stelle daran erinnern, daß weder auf dem Schaf die Wolle noch am Baumwollstrauch die Samenhaare wachsen, damit Menschen sich daraus Bekleidung herstellen. Nun hat sich die Menschheit und eine ihrer ältesten Industrien aber in mehreren tausend Jahren an die Eigenschaften dieser Faserstoffe gewöhnt und nichts ist bekanntlich schwieriger als — selbst durch etwas Besseres — alte Gewohnheiten zu ersetzen und sie zu verändern. Ich möchte hier keine Polemik beginnen; aber ich hätte mir bisweilen etwas weniger Traditionsbewußtsein in der Textilindustrie gewünscht, wenn es darum geht, synthetische Faserstoffe, die nun einmal etwas andere Eigenschaften haben als Schafwolle und Baumwolle, artgerecht zu verarbeiten bzw. sich neuen und ungewohnten Eigenschaften dieser Faserstoffe anzupassen. Dabei verkenne ich natürlich gar nicht, daß die Synthesefaserproduzenten ihrerseits in „jugendlichem Überschwang“ (gegenüber der mehrere 1000 Jahre alten klassischen Bekleidungsindustrie) Fäden und Fasern produzierten, die sicher zu Recht den Wünschen der Verarbeiter und Verbraucher nicht entsprachen.

Übrigens gibt es speziell bei uns ein noch ganz anderes Problem, nämlich die erschreckende Tatsache, daß in der DDR bei einer Verarbeitung von 450 bis 500 kt Faserrohstoffen im Jahr 1976 etwa 115 kt — also rund ein Viertel des Rohstoffeinsatzes — Alttextilien im gleichen Zeitraum anfallen!

Wie lange wir uns das noch leisten können, weiß ich nicht, von der Verschwendung wertvollster Rohstoffe ganz zu schweigen. Als nächstliegendes könnte man daraus schließen, daß die Zusammenarbeit von Rohstoffproduzenten und Verarbeitern nicht klappt; gemessen an der Zahl der gemeinsamen Sitzungen und Arbeitstagungen ist das sicher nicht der Fall; aber mir scheint, daß der Informationsfluß und die Bereitschaft, voneinander zu lernen und Neues und Besseres zu verwerten, noch nicht ausreichend ausgebildet ist. Hinzu kommt noch — und darauf hat BOBETH [25] bereits früher hingewiesen —, daß wir uns auch durch tendenziöse Fortschrittsberichte, die dem Konkurrenzkampf kapitalistischer Unternehmen entsprungen sind und die in der Fachpresse sensationell aufgebauscht werden, verleiten lassen, so etwas für bare Münze und für abgeschlossene, technologisch reife Arbeiten zu nehmen, die dann Anforderungen und Untersuchungen bei uns auslösen. Außerdem — und das muß einmal deutlich gesagt werden — entsprechen Farben, Muster und Schnitt häufig nicht dem Geschmack der Käufer. Tatsache ist, wir verfügen — Ausnahmen zugelassen — über Faserrohstoffe, mit denen wir dasselbe machen könnten wie überall anderswo, und es ist schleierhaft, warum wir es nicht tun. Mit dieser Feststellung allein sollten wir uns aber nicht zufrieden geben, d. h. wir sollten gemeinsam mit den Faserstoffproduzenten und der Textilindustrie diesen Zustand schnellstens aus der Welt schaffen, wobei wir nur weiterkommen werden, wenn jeder der drei Partner den Anteil erforscht, der ihm sinngemäß zufällt, oder deutlicher gesagt, das ist keine ausschließliche Aufgabe von Akademie-Instituten.

Es ist psychologisch von erstrangiger Bedeutung, wenn wir in Textilläden gehen und nur Erfreuliches, Schönes und liebevoll Verarbeitetes sehen und kaufen können — für jeden Geschmack etwas — Solides und weniger Traditionsbewußtes.

Es ist aber auch eindeutig zu erkennen, daß einige „Blütenträume" überall verwelkt sind: als erstes die Verwendung sogenannter Wegwerftextilien (Papierkleider), als zweites die zeitweise genährte Vorstellung, daß man mittels einer Flächenpolymerisation o. ä. in absehbarer Zeit und in einem Arbeitsgang zu einem für Bekleidungszwecke brauchbaren Flächengebilde kommen kann, das dann Weben, Wirken oder Stricken überflüssig mache, und als drittes wurde es um das sogenannte „Kleid direkt aus der Spritzpistole" sehr ruhig, das weder Folien- noch Fell- oder Vliescharakter hat, sondern fast ebenso ausschauen sollte, wie ein Gewebe mit dem jetzt so oft zitierten „Faser-look" [37]. Auch die Arbeiten, hydrophile, permanent antistatische und schmutzabweisende Synthesefaserstoffe herzustellen, waren wesentlich problematischer als man sich das etwa 1969 vorgestellt hatte [38]. Am kompliziertesten ist zweifellos die Erhöhung der Feuchtigkeitsaufnahme (Verbesserung der Hydrophilie) von Synthesefaserstoffen. Um die großen Hoffnungen, die man dabei auf Polyamid 3 und 4 setzte, ist es inzwischen sehr still geworden, obwohl diese über β-Laktame und Butyrolaktam zugänglichen Polymeren 8...10% Wasser bei 20 °C und 65% relativer Luftfeuchtigkeit aufnehmen, d. h. im Bereich der Feuchtigkeitsaufnahme von Baumwolle liegen [39]. Die bei der Produktion dieser Polyamide auftretenden Schwierigkeiten ließen sich bisher nicht beseitigen [32].

Aussichtsreicher ist offensichtlich die Erhöhung der Hydrophylie durch Pfropfcopolymerisation auf PA 6 oder 6,6, entweder nach den von Rogovin empfohlenen chemischen Methoden oder durch strahlenchemische Verfahren, wie sie z. B. auch bei uns im ITF[10] betrieben werden [40]. Die endgültigen Ergebnisse müssen noch abgewartet werden; m. W. ist eine befriedigend hydrophylierte PA- oder PE-Faser in größeren Mengen bisher noch nicht auf dem Markt. Ob der z. Z. ebenfalls beschrittene Weg, eine — allerdings aus ganz neuen Ausgangsmaterialien (z. B. 3-Aminophenyl-7-amino-chinazolin-2,4-dion + Isophathalylchlorid) bestehende — Faser mit geringem Kristallisationsgrad und dementsprechend auf 10% Wasser erhöhte Feuchtigkeitsaufnahme herzustellen, zum Ziel führen wird, bleibt abzuwarten [32].

Die Massenbasis derartiger Rohstoffe dürfte vorerst doch recht problematisch sein.

Größere Erfolge sind offenbar bei der Antistatik- und schmutzabweisenden Ausrüstung von Synthesefasern erreicht worden. Ich möchte hier im einzelnen nicht darauf eingehen; Tatsache ist aber, daß im IPOC, im CFK „W. Pieck", Schwarza,[11] und auch an anderen Stellen z. B. durch Einspinnen von entsprechenden Substanzen (z. B. Blockcopolyätherester; Polyäthylenoxide) ein permanenter Antistatikeffekt erreicht werden kann [41]; die großtechnische Herstellung erfolgt kurzfristig. Auch hier ist eine Pfropfung mit entsprechenden Verbindungen erfolgreich.

Zwei weitere für die Zukunft zweifellos wichtige Forschungsrichtungen muß ich hier noch erwähnen: die Gewinnung von schwerbrennbaren und thermostabilen Faserstoffen, erstere für Bekleidungs- und Haushaltstextilien, letztere vornehmlich für technische Zwecke und die unter dem Begriff der Chemiefaserlegierungen zusammengefaßten Faserstoffe.

Als flammenhemmend werden P- oder halogenhaltige Verbindungen angewandt, die entweder in Form von Nachbehandlungen als Oberflächenreaktanden, mittels Pfropfcopolymerisation oder als Additive angewandt werden, die man den Polymerschmelzen und Lösungen zusetzt [42]. Wir müssen hier einmal feststellen, daß *alle* Textilien, die wir heute benutzen, brennbar sind. Nun kann man mir entgegnen, daß sie das bereits seit mehr als 1000 Jahren waren und daß — soweit Statistiken überhaupt vorliegen — die Anzahl der bei Brandunfällen durch Textilbrände verunglückten oder getöteten Personen relativ niedrig liegt (Vergleich mit Verkehrsunfällen) und je nach Land von 1...2 in Europa, 6...8 in England und 10 bis 15 in den USA je 1 Mio. Einwohner schwankt. Diese um fast eine Größenordnung schwankenden Angaben sind aber schon verdächtig (d. h. die Statistiken stimmen wahrscheinlich nicht), und die Veränderung der Lebensgewohnheiten (viel mehr Haushaltstextilien als früher) läßt eine Erhöhung der Textilbrände vermuten. Auf alle Fälle ist dieses Problem nicht trivial — auch in Anbetracht der ohnehin für Flugzeuge und Schiffe vorgeschriebenen schwerbrennbaren oder unbrennbaren Textilien — ich vermute, es dürfte uns in der nächsten Zeit beschäftigen.

Die Palette der temperaturbeständigen Spezialfaserstoffe vornehmlich für technische Einsatzgebiete reicht von den vollaromatischen Polyamiden über verschiedene heterozyklische Leiterpolymere bis zu den durch Pyrolyse von Zellulose- oder Polyakrylnitrilfäden erhaltenen Graphitfaserstoffen; in Abb. 23 sind einige aufgeschrieben [43]. Hier ist für Spezialzwecke (Anzüge für Kosmonauten; Hitzeschutz-Kleidung; Hitzeisolierung von Werkstoffen usw.) zweifellos eine Verwendung in beschränkten Mengen zu erwarten.

Hinsichtlich der Polymerlegierungen möchte ich mich an eine bereits Ende 1972 von Philipp [5] angestellte kritische Betrachtung halten. Auch die im September 1976 auf der Chemiefasertagung in Dornbirn über Faserlegierungen gehaltenen Vorträge haben mich nicht überzeugen können, daß die Philippsche Einschätzung von 1972 korrekturbedürftig ist. Zunächst wird nicht geleugnet, daß „eine Nutzung aller Möglichkeiten der Polymermischung (ein weniger hochtrabendes Wort für ‚Polymerlegierungen') zur Kombination günstiger bzw. Unterdrückung ungünstiger Werkstoffeigenschaften Bedeutung für die Zukunft haben wird", wobei auch darauf hinzuweisen ist, daß die „Faserstoffmischungen" ja bereits eine beträchtliche

Rolle in der Textilindustrie spielen. Die Polymermischung ist gewissermaßen eine vor die Faserverspinnung verlegte „chemisierte“ Faserstoffmischung. PHILIPPS Skepsis bezieht sich insbesondere auf die Bikomponentenfaserstoffe und auf die Erspinnung von Polymermischungen. Er führt aus, daß „Bikomponentenfaserstoffe, bei denen ein Verbund zweier Polymerer im mikroskopisch-morphologischen Bereich beim Spinnprozeß erfolgt, trotz der erheblichen mechanisch-technologischen Probleme beim Herstellen der Spinnköpfe im Hinblick auf die Erzielung einer Permanentkräuselung intensiv weiterbearbeitet werden. Mit weniger mechanisch-technologischem Aufwand, aber einer Reihe noch ungelöster Grenzflächen- und Strömungsprobleme verbunden ist die Erspinnung von Polymermischungen z. B. von PA und PE aus der gemeinsamen Schmelze, wobei sich im Faden die eine Komponente in Form feiner Fibrillen — Abb. 24 — in einer Matrix der anderen Komponente abscheidet ... Neben unverkennbaren Vorteilen birgt allerdings die ganze Entwicklungsrichtung Polymerlegierungen einen grundsätzlichen Nachteil in sich, nämlich eine gegenüber den rein verarbeiteten Komponenten erhebliche Erschwerung bei der Aufarbeitung des ‚Textilmülls‘ zu Sekundärrohstoffen“.

Als Abschluß dieses Kapitels möchte ich noch daran erinnern, daß durch eine

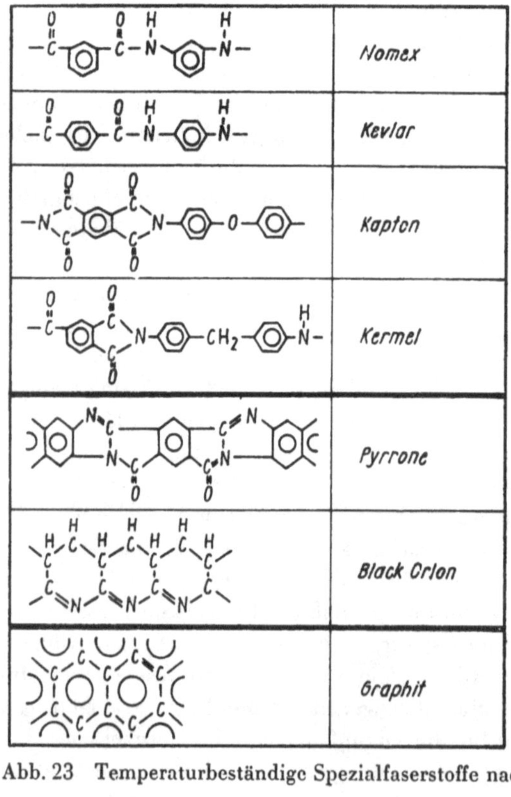

Abb. 23 Temperaturbeständige Spezialfaserstoffe nach [43]

physikalische Modifikation der Fäden bereits erstaunliche Einflüsse auf gewisse Eigenschaften erreicht werden können; ich denke an die Querschnittsprofilierung, wie sie in Abb. 25 zu sehen ist. In der neuesten amerikanischen Literatur wird auf

Abb. 24 PA-Fibrillen in PE-Matrix

diese von Bolland und Böhringer bereits vor mehr als 15 Jahren entwickelte Methode betont hingewiesen, und der verbesserte Griff, das seidig-matte Aussehen, die bessere Anfärbbarkeit und die erhöhte Bauschigkeit bei Hohlprofilen hervorgehoben [45]. Wir sollten uns ruhig an eigene Entwicklungen erinnern und sie viel mehr nutzen bzw. das nicht erst dann tun, wenn aus den USA oder aus dergleichen Himmelsgegend ein entsprechendes Signal kommt. Im übrigen möchte ich hier noch bemerken, daß die besten Düsen für solche Profilfäden bei uns gemacht werden!

VI.

In einem letzten Abschnitt möchte ich noch einiges über die physiologische Funktion der Bekleidung in Abhängigkeit von den verwendeten Faserrohstoffen sagen. Ich weiß, daß ich mich damit auf ein Gebiet begebe, dem anscheinend mit der Ratio

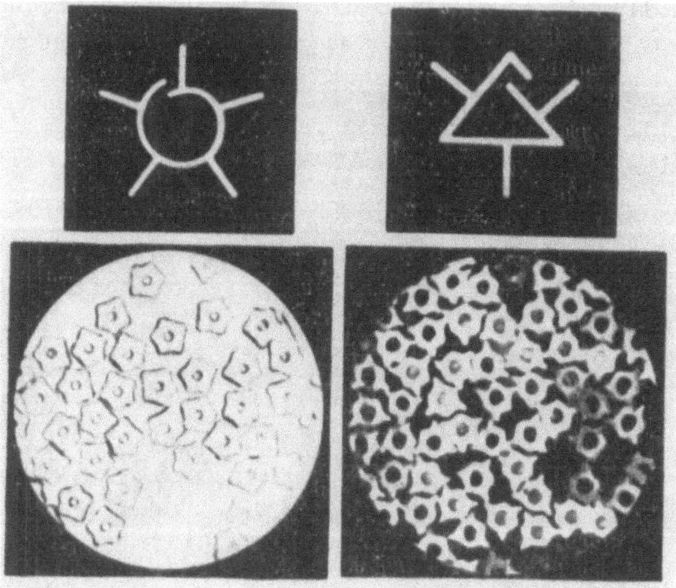

Abb. 25 Profilquerschnitte (unten) von PA-Fasern; oben: Düsenform nach [45]

schwer beizukommen ist, da das durch Bekleidung hervorgerufene Wohlbefinden oder Mißbehagen nicht nur von rationellen, meßbaren Faktoren abhängt.

Eines ist unbestritten: Die physiologische Funktion der Bekleidung ist eine äußerst komplexe Größe, das haben alle bisher vorliegenden Untersuchungen gezeigt.

So hängt z. B. die Wärmeisolation der Kleidung nicht von der Wärmeleitfähigkeit der Faserstoffe ab, sondern fast ausschließlich von der im Kleidungsstück eingeschlossenen Luft. Das gilt aber nur bei ruhender Luft; denn bei Wind oder Sturm sind die Abhängigkeiten völlig andere. Das weiß jeder, der z. B. bei Frost und windigem Wetter längere Zeit im Freien sein mußte. Über Fragen des Feuchtigkeitstransportes ist sehr viel diskutiert worden. Sicherlich werden auch viele von Ihnen davon überzeugt sein, daß hydrophobe Faserstoffe in der Regel Mißbehagen hervorrufen. Dabei wird dann z. B. häufig auf PA- und PE-Faserstoffe verwiesen, die unter Normalbedingungen nur 4...5 bzw. 1% Feuchtigkeit aufnehmen; im Gegensatz zu Baumwolle und Wolle mit 8...9 bzw. 10% Feuchtegehalt unter gleichen Bedingungen.

Nun wissen wir aber aus genauen Untersuchungen, daß nicht die chemische Substanz des Faserstoffes, sondern die Art des Garns und die Konstruktion des textilen Flächengebildes den Feuchtetransport und damit das Wohlbehagen weit stärker beeinflussen als der Feuchtegehalt bzw. das Feuchtigkeitsaufnahmevermögen der Fasern selbst [22, 39, 46, 47].

Es ist heute noch eine weit verbreitete Ansicht, daß insbesondere Synthesefaserstoffe Ekzeme oder Hautreizungen hervorrufen. Bezeichnungen wie „Nylon-Dermatitis" sind auch unter Ärzten immer noch im Schwange. Fest steht aber seit geraumer Zeit, daß *alle Fasern sich völlig reaktionslos gegenüber gesunder und kranker Haut verhalten,* vorausgesetzt, daß es sich um einwandfrei gefärbte und ausgerüstete Faserstoffe handelt. Ungeeignete Farbstoffe und Ausrüstungschemikalien — und dazu gehören auch die optischen Aufheller in Waschmitteln (sie wirken als Sensibilisatoren gegenüber Sonnenlicht und führen zu Lichtdermatosen) — können unangenehme Ekzeme hervorrufen. Man weiß das seit langem und wählt daher in der Regel einwandfreie und reizfreie Nachbehandlungsmittel aus. Ich möchte in diesem Zusammenhang auch auf den bei Knitterfestausrüstungen häufig verwendeten Formaldehyd hinweisen, der sich durch Hautreizungen ebenfalls unangenehm bemerkbar machen kann [48]. Trotzdem weiß ich natürlich — und hier wird noch viel Aufklärungsarbeit erforderlich sein —, daß sich nach wie vor die Meinung halten wird, man könne Textilien aus Synthesefaserstoffe nicht auf der Haut tragen.[12] Leider gibt es über die Hautverträglichkeit — und darauf hat Zollinger [22] bereits vor 6 Jahren aufmerksam gemacht — ebenso wie über das Behaglichkeitsempfinden bisher kaum Versuche nach dem „Plazebo-Prinzip", wie sie in der Medizin üblich sind; denn überzeugende Antworten können nur derartige Vergleichsversuche geben.

Natürlich existieren physikalische Methoden, um Wärme- und Feuchtigkeitsaustausch der Kleidung zu messen. Cernia, Mark und Atlas [47] haben darüber vor 2 Jahren berichtet. Es gibt auch ausgezeichnete Untersuchungen bei uns [51].

Im textilen Bereich sind der thermische Fluß und der Feuchtigkeits-Fluß bestimmt durch:

$$\text{th} = \frac{\Delta T}{C} \quad \text{bzw.} \quad M = \frac{\Delta P}{B}$$

ΔT = Temperaturunterschied ΔP = Druckunterschied
C = Widerstand in „Cloth" B = Widerstand in „Barr"

Sie erkennen sicher sofort die Analogie mit dem Ohmschen Gesetz. C ist beispielsweise der Widerstand des Materials gegen die Wärmeleitung; C bzw. sein reziproker Wert H ist z. B. gut bekannt für Isolier- und Baumaterialien. Im textilen Bereich ist die Maßeinheit „Cloth", sie wird in $Kcal/m^2/h$ ausgedrückt, wenn der Temperaturunterschied T in °C pro cm Stoffdichte gemessen wurde. Analoges gilt für den Feuchtigkeitsfluß. Die Maßeinheit B, ein „Barr", wird in Gramm Gas pro m^2 und Stunde angegeben, wenn die Differenz in Torr pro cm Dicke gemessen wird.

Die folgenden Tabellen zeigen einige Meßwerte. In Abb. 26 ist der Einfluß von Wind auf den Schutz der Bekleidung zu sehen; verwendet wurde ein Herrenanzugstoff mit einem Wärmeleitungswiderstand von 1,15 Cloth [47].

Die Meßwerte zeigen den bereits früher von mir erwähnten außerordentlichen Einfluß der Luftgeschwindigkeit auf die Abkühlung. Die Konsequenz ist uns geläufig, die äußere Bekleidung, die uns vor kaltem und starkem Wind schützen soll, muß eine sehr dichte Stoffkonstruktion besitzen; die pelzgefütterten Anoracks mit einem Folie-ähnlichen Außenstoff entsprechen dem z. B. ausgezeichnet.

Die thermischen Widerstandswerte von verschiedenen Bekleidungsarten sind in Abb. 27 [47] zu sehen.

Hier findet sich die Bestätigung einer altbekannten Feststellung: Luft ist bei Wärmeaustausch durch Leitfähigkeit der beste Wärmeisolator, das Ergebnis für den Wärmeschutz durch Bekleidung ist demgemäß logischerweise das Federbett, voluminöse Stoffe oder poröser Schaumstoff. Natürlich ist — z. B. im Sommer — die Wärmeisolation nicht die einzige Funktion der Kleidung. Um den Zufluß heißer Außenluft zu verhindern, wählt man leichtes, dünnes Gewebe mit einem gewissen Luftanteil, das dann gegen die Hitze abschirmt. Hier tritt nun der Feuchtefluß innerhalb der Bekleidung entscheidend in Aktion. In der Abb. 28 sind einige Werte des Durchdringungswiderstandes gegen Feuchtigkeitsfluß [47] aufgezeigt.

Erwartungsgemäß besitzt Luft die besten Voraussetzungen für die Feuchtigkeitsdiffusion; die Schutzsysteme gegen Feuchtigkeitsverlust sind um so besser, je weniger Luft sie enthalten. Es wurde dabei gefunden, daß die Unterschiede der Wasserdampfleitungeigenschaften der verschiedenen Fasermaterialien Zellulose, Protein, Polyester, Polyamid und Akryl nur unbedeutend sind, solange kein Wasserkondensat auftritt. Tritt Kondensat auf, dann leisten die hydrophoben Materialien besseren Schutz als die hydrophilen Faserstoffe. Sicherlich hätten die meisten von uns genau das Gegenteil vermutet.

Luft ist also der beste Schutz gegen Kälte und Hitze und der schlechteste gegen die Diffusion von Feuchtigkeit. Demgemäß ist auch die Faserstoffsubstanz von untergeordneter Bedeutung für die Verbesserung oder Verhinderung des Wärmeaustausches bzw. des Feuchteflusses. Ein Stoff, der auf Grund seiner textilen Konstruktion einen hohen Luftanteil enthält, ist ein guter Kälteisolator, gleichgültig, ob er aus Wolle, Baumwolle, Polyester oder Polyamid hergestellt wurde. Analoges gilt für den Feuchtefluß.

Natürlich sind nun nicht alle textilen Probleme gelöst, wenn es gelingt, durch die Konstruktion viel oder wenig Luft in die Stoffe hineinzubekommen. Die Faserstoffart bestimmt ja nicht nur das Aussehen, die Weichheit oder Schmiegsamkeit der Bekleidung, sondern auch das Problem, ob Luft und Feuchtigkeit im Stoff bleiben, nachdem er gewaschen, getrocknet und gebügelt wurde. Die natürliche Kräuselung der Wolle spielt beispielsweise eine erhebliche Rolle, sie wird ja besonders bei Synthesefasern und Regeneratfasern nachgeahmt, sei es durch Texturierung, sei es durch entsprechende Kräuselungsverfahren. Will man z. B. schnellen Feuchtigkeitsaustausch mit thermischer Isolation verbinden, erreicht man dies durch eine voluminöse und luftige Warenkonstruktion [47] usw.

Ich könnte derartige Betrachtungen noch durch zahlreiche Beispiele belegen, ich möchte es aber dabei belassen, was ich bisher sagte; denn mir kam es darauf an zu zeigen, daß es durchaus möglich ist, physiologischen und psychologischen Bekleidungsproblemen mit exakten Meßmethoden beizukommen und damit Vorurteile zu beseitigen *und* die Bekleidung gebrauchstüchtig, bequem und gesund zu machen.

Windgeschwindigkeit in km/h	Widerstand des Gewebes in Cloth
Stille	1,15
8	0,72
16	0,36
24	0,27
32	0,24
40	0,20

Abb. 26 Windgeschwindigkeit und Widerstand des Gewebes

Material Luft	Thermischer Widerstand in Cloth
1 at, 0 °C	2,88
1 at, 20 °C	2,74
1 at, 40 °C	2,55
PAT-Schaum	2,04
Deckenstoff	1,30–1,50
Mantelstoff	1,40–1,60
Herrenanzugstoff	0,9–1,10
leichter Sommeranzugstoff	0,4–0,6
Vlies (40 g/m^2)	0,3–0,5
Vlies (20 g/m^2)	0,2–0,3

Abb. 27 Thermischer Widerstand von Textilien

Material	Feuchtigkeits-Durchdringungswiderstand in Barr
Luft 1 at, 0 °C	1,05
Luft 1 at, 20 °C	1,00
Luft 1 at, 40 °C	0,95
Vlies (20 g/m^2)	2,2
Vlies (40 g/m^2)	4,2
leichter Sommeranzug	8,5
normaler Herrenanzug	16,4
Deckenstoff	22,5
Pullover	20,5
Mantelstoff	40,0
Anorak	etwa 100,0

Abb. 28 Feuchtigkeits-Durchdringungswiderstand

Wie weit diese Meßgrößen allerdings das „Wohlbefinden“ beeinflussen bzw. darin eingehen, ist noch nicht eindeutig klar.

Die logische Konsequenz ist natürlich, daß es notwendig wäre, in der DDR ein „Institut für Bekleidungshygiene“ (oder wie immer es heißen soll) zu gründen [49], in dem Probleme der Bekleidungsphysiologie, -medizin, -psychologie und -Gebrauchstüchtigkeit — gekoppelt mit Modefragen — bearbeitet werden, oder aber vorhandene Einrichtungen zusammenzufassen und straff zu koordinieren bzw. auch ihre Kapazität etwas zu erweitern.

Wenn wir bedenken, daß erhebliche Anteile des Einkommens jedes Einzelnen für Bekleidung ausgegeben werden, wenn wir uns erinnern, daß bei uns z. Z. 115 kt Alttextilien anfallen (ein Viertel des Faserrohstoffeinsatzes) und wenn wir schließlich bedenken, welchen psychologischen und emotionellen Einfluß die ausreichende Versorgung mit geschmackvoller und zweckmäßiger Bekleidung darauf hat, was man gemeinhin Zufriedenheit nennt, dann sollten wir uns in der Tat ernsthaft überlegen, ob sich eine derartige Einrichtung nicht sehr rasch bezahlt macht.

Meine Damen und Herren, *ein* Zweck meines Vortrages war auch, Ihnen zu zeigen, wie viele ungelöste Probleme der Grundlagen- und angewandten Forschung noch bei einer der ältesten Industrien bestehen, die die Menschheit hervorgebracht hat. Zweifellos gibt es dafür Analogien z. B. im Gärungsgewerbe und in der Nahrungsmittelindustrie, um zwei ebenso alte, lebensnotwendige und „emotionsgeladene“ Industriezweige zu nennen. Ich hoffe, Ihnen ebenfalls gezeigt zu haben, daß z. Z. nur ein Bruchteil der hervorragenden Eigenschaften von Synthesefasern dazu ausgenutzt wird, um — im weitesten Sinne — den Gebrauchswert der Bekleidung zu verbessern, d. h. zu verhindern, daß so viel in den Textilmüll wandert; ich muß nicht betonen, daß wir, ja daß die Menschheit sich das auf die Dauer nicht leisten kann, weil wir damit wertvollste und nur begrenzt vorhandene Rohstoffe verschwenden.

Für wertvolle Hinweise und Ratschläge und für die Durchsicht des Manuskripts möchte ich den Herren Professor Banke (FIFT), Philipp, Ruscher und Reinisch (IPOC) sehr herzlich danken. Herr Dr. Baudisch und Dr. Schmidt haben mir bei der Beschaffung und Anfertigung der Diapositive dankenswerterweise sehr geholfen.

Anmerkungen

1 Text. Organon 1977, Febru., S. 7 gibt die Produktion mit 11,7 Mill. t, Text. Organon 1977, Juni mit 11,9 Mill. t an.

2 Geschätzte Verluste der europäischen Chemiefaserindustrie: 1975 etwa 1 Mrd. $, 1976 etwa 600 Mill. $.

3 Produktion der BRD an Chemiefasern etwa 12% geringer gegenüber 1976 im I. Quartal 1977, in den USA dagegen Anstieg um etwa den gleichen Betrag [8].

Abb. 3 dargestellt:

Synthese-Faserstoffe insg.	=	8 600 kt
PE -Faserstoffe	=	3 910 kt
PA -Faserstoffe	=	2 830 kt
PAN -Faserstoffe	=	1 730 kt
Viskosefaserstoffe und Acetat	=	3 265 kt

5 Autotrophe Pflanzen vermögen etwa $9 \cdot 10^{14}$ kWh/Jahr Sonnenenergie in chemische Bindungsenergie zu überführen (Schreiber).

6 Holzzuwachs pro Jahr etwa 10^{10} t (nach Schreiber).

7 Von praktisch 0 (1950) auf über 7 000 kt (1975) in 25 Jahren (Abb. 3).

8 *D*oppel-*D*raht-*S*pindeln.

9 Institut für Polymerenchemie der AdW der DDR.

10 Institut für Technologie der Fasern der AdW der DDR.

11 Vom CFK „W. Pieck", Schwarza, werden ferner genannt: reine Polyäthylenoxide, Blockcopolymere aus Äthylen- und Propylenoxid, äthoxilierte Phosphate, längerkettige Amine und Alkohole [53].

12 Demgegenüber gibt es aber offenbar bei Polyamid-Damenstrümpfen oder Strumpfhosen keinerlei diesbezügliche Beanstandungen! (Offenbar ist die Haut auf Oberschenkeln und Waden „unempfindlicher"?)

Literatur

[1] Siehe auch: Mark, H. F.: Seventy-Five Years of Polymer Science and Technology. Brooklyn, N. Y.: Polytechn. Inst. of New York.

[2] Carothers, W. H.: Chem. Rev., Baltimore **8** (1931), S. 353—426; Mark, H.: Whitby, G., Collected Papers of W. H. Carothers New York; Intersci. Publ. Inc. 1940.

[3] Carothers, W. H.; Berchet, G. I.: J. Amer. Chem. Soc., Easton **52** (1930), S. 5289.

[4] Schlack, P.: Pure and Appl. Chem., London **15** (1967), S. 507; Mell. Text. Ber. **1966**, S. 1175.

[5] Philipp, B.: Chem. Technik, Leipzig **25** (1973), S. 709.

[6] Klare, H.: Weltbühne, Berlin **1977** 5, S. 142—145.

[7] Houwink, R., Kunststoffe, München **56** (1966), S. 597; Christiansen, R., Papper och Trä **1966** 7, S. 367; Keil, A., Dt. Textiltechnik, Berlin **17** (1967), S. 727; Textile Month **1968** 5, S. 105; Chemiefasern, Frankfurt a. M. **18** (1968), S. 549; ebenda **21** (1971), S. 348; Heap, S. A., Textilveredlung **6** (1971), S. 589; Zollinger, H., Chemiefasern, Frankfurt a. M. **21** (1971), S. 350; Chemiefasern, Frankfurt a. M. **26** (1976), S. 573.

[8] Chemiefasern, Frankfurt a. M. **27** (1977), S. 105—106; ebenda **26** (1976), S. 732; **26** (1976), S. 1046; Chem. and Eng. News **1977**, Febr., S. 16—20; Chemiefasern, Frankfurt a. M. **27** (1977), S. 581; Chemiefasern, Frankfurt a. M. **27** (1977), S. 746.

[9] Wool News Nr. 48—65 vom 14. 7. 1965 (Internat. Woll-Sekretariat).

[10] Braunlich, R. H.: Am. Dyest. Rep. **54** (1965) 5, S. 63.

[11] Klare, H.; Gröbe, A.; Maron, R.; Jost, H.; Purz, H.-J.; Genzrich, H. I.; Paul, D.: Abh. Dt. Akad. Wiss. Berlin, Kl. Chem. Geol. u. Biol., Berlin **1965**, S. 130—140; Klare, H.; Gröbe, A.; Philipp, B.: Chemiefasern, Frankfurt a. M. **15** (1965), S. 502—

509; Gröbe, A.; Paul, D.; Purz, H.-J.; Bartsch, D.; Genzrich, H. J; Hicke, H. G.; Ludwig, I.; Buschatz, H., Chemiefasern, Frankfurt a. M. **20** (1970), S. 134—140; Philipp, B.; Bauer, A.; Gröbe, H.; Rafler, G.; Reichert, H.; Reinisch, G.; Ruscher, Chr.: Lenzinger Berichte **1971** 32, S. 21.

[12] Cox, N. L.: USP. 2 535 044, 2 535 045, 2 536 014.

[13] Klare, H.; Gröbe, A.: Oesterr. Chemiker-Ztg., Heidelberg **65** (1964), S. 218—230; Götze, K.: Chemiefasern nach dem Viskoseverfahren, 3. Aufl., Berlin (West): Springer-Verlag 1967. S. 627 ff.; Serkov, A. T. (Hrsg.): Teor. Formovannija Chim. Volokna Moskva; Izd. Chimija 1975.

[14] Rogovin, Z. A.: Vortrag auf der 15. Internat. Chemiefasertagung in Dornbirn, 22. bis 24. IX. 1976 (siehe dort auch weitere Literatur).

[15] Philipp, B.: Plaste u. Kautschuk, Leipzig **23** (1976), S. 715.

[16] Rogovin, Z. A.: Lenzinger Berichte **30** (1970) 12, S. 16; Rogovin, Z. A.: Chemie u. Technologie von chemischen Fasern, Bd. 1 und 2. Moskva: Izd. Chimija, 1974.

[17] Stöcker, M.: Chemie-Ing.-Technik, Weinheim/Bergstr. **48** (1976), S. 833—839.

[18] Schleicher, H.; Schubert, Kl.; Wagenknecht, W.; Philipp, B. in: formeln, faserstoff, fertigware, Informationen, Warenzeichenverband für Kunststofferzeugnisse der DDR **1976** 3, S. 4—11.

[19] Gruber, E.: Das Papier, Darmstadt **28** (1974), S. 277; **30** (1976), S. 523.

[20] Chemiefasern, Frankfurt a. M. **18** (1968), S. 411.

[21] Chem. Engin. News, Washington **14** (Febr. 1977), S. 32.

[22] Edgar, O. B.; Hill, R.: J. Polym. Sci., New York **8** (1952), S. 1; H. Zollinger vertritt in Chemiefasern **21** (1971), S. 350 allerdings eine andere Meinung; es dürfte heute aber wohl kein Zweifel mehr bestehen, daß die 1971 von Zollinger — unter dem Eindruck der neu auf dem Markt erschienenen Qiana-, Nomex-, Polyolefin- und Elastomerfasern — geäußerte Ansicht, die Prognose von Edgar und Hill könne sich als oberflächlich erweisen, heute doch als endgültig überholt betrachtet werden kann.

[23] Frenkel, S. Ja. in: „Physik heute und morgen" (Prognosen der Wissenschaft), Red. V. M. Tučkevič. Leningrad: Izd. Nauka 1973. S. 176—270.

[24] Klare, H.: Chem. Technik, Leipzig **4** (1952), S. 133.

[25] Klare, H.; Hirte, G.; Jäger, W.; Philipp, B.; Sattler, W.: Chim. Volokna, Moskva **1974** 6, S. 29; Landenberger, P.: Chemiefasern, Frankfurt a. M. **26** (1976), S. 516; Riggert, H.: ebenda **26** (1976), S. 755; Bobeth, W. in: formeln, faserstoffe, fertigware, Informationen Warenzeichenverband für Kunststofferzeugnisse der DDR **1974** 4, S. 7—22.

[26] Vgl. die Darstellung und Literatur in: Klare, H.; Fritzsche, E.; Gröbe, V.: Synthetische Fasern aus Polyamiden. Berlin: Akad.-Verl. 1963. S. 13—16, S. 210—238.

[27] Mark, H. F.; Gaylord, N. G.; Bikales, N. M. (Hrsg.): Enzyclopedia of Polymer Science and Technology, New York, London, Sidney, Toronto: Intersci, Publ., Wiley a. Sons 1969. Vol. 10; Polyamide Fibers, S. 347; Muschelknautz, E.; Ring, N.: Chemie-Ing.-Technik, Weinheim/Bergstr. **48** (1976), S. 503.

[28] Michajlov, N. V.: Chim. Volokna, Moskva **1964** 1, S. 7; Perepelkin, K. E.: Faserforschung u. Textiltechnik, Berlin **22** (1971), S. 171; **25** (1974), S. 251; Angew. Makromolekulare Chemie, Basel **22** (1972), S. 204; Perepelkin, K. E.: Faserforschung u. Textiltechnik, Berlin **25** (1974), S. 251.

[29] Siehe z. B. Zollinger, H.: loc. zit. unter [22].

[30] Bobeth, W.; Kittelmann, W.: Faserforschung u. Textiltechnik, Berlin **13** (1962), S. 293.

[31] Sauer, H.: Faserforschung u. Textiltechnik, Berlin **7** (1956), S. **561**; Ziabicki, A.: ebenda **8** (1957), S. 467 und in „Fundamentals of Fibre Formation". London: J. Wiley a. Sons 1976. S. **149** ff.; Michoajlov, N. V. u. a.: Chim. Volokna, Moskva **1959** 1, S. 33; Andrews, E. H.: Brit. J. appl. Physics **10** (1959) 1, S. 39; Wilhelm, G.: Kolloid-Z. und Z. Polymere, Darmstadt **208** (1966), S. 97; Fourné, F.: Chemiefasern, Frankfurt a. M. **27** (1977), S. 26.

[32] Entnommen aus Hinrichosen, G.: Mell. Text. Ber. **1977**, S. 11.

[33] Perepelkin, K. E.: Angew. Makromolekulare Chemie, Basel **22** (1972), S. 181.

[34] Bonart, R.; Schulze-Gebhardt, F.: Angew. Makromolekulare Chemie, Basel **22** (1972), S. 41.

[35] Siehe [27] auf S. 385 (Hayes, B. H.; Tapero, B. V.; Prevorsak, D. C.).

[36] Peterlin, A.: J. Polym. Sci., New York **C. 9** (1965), S. 61; Macromol. Chemie, Heidelberg **8** (1973), S. 277.

[37] Mark, H. F.: Naturwiss., Berlin (West) **61** (1974), S. 423.

[38] Albrecht, W.: Mell. Text. Ber. **1969**, S. 736; Z. ges. Text. Ind. **71** (1969), S. 377; Bieser, Chemiefasern, Frankfurt a. M. **19** (1969), S. 262.

[39] Herlinger, H.: Angew. Makromolekulare Chemie, Basel **40/41** (1974), S. 89; Stryker, H. B. jr.: Chemiefasern, Frankfurt a. M. **23** (1973), S. 527.

[40] Bobeth, W., loc. cit. unter [25] und Heger, H.: Dt. Textiltechnik **17** (1967), S. 307; siehe auch: Kleber, R.: Chemiefasern, FrankfurOt a. M. **22** (1972), S. 579.

[41] Dietrich, K.; Kalina, Ch.; Reinisch, G.; Versäumer, H.; Linow, K. H.: Faserforschung u. Textiltechnik, Berlin **27** (1976), S. 287; Brown, A. S.: Chemiefasern, Frankfurt a. M. **27** (1977), S. 219; siehe auch den Vortrag von Brown auf der Chemiefasertagung in Dornbirn, 22.–24. IX. 1976; ferner Kratsch, E.: Chemiefasern, Frankfurt a. M. **27** (1977), S. 535.

[42] Krevelen, W. van: Chemie-Ing.-Technik, Weinheim/Bergstr. **47** (1975), S. 793; Nunnihoven, J.; Albrecht, W.: Mell. Text. Ber., Heidelberg **1972**, S. 95.

[43] Marvel, C. S.: Appl. Polym. Symposia, New York **22** (1973), S. 47–56; Herlinger, H.; Hörner, H. P.; Druschke, Fr.; Knöll, H.; Hatter, Fr.: Angew. Makromolekulare Chemie, Basel **29/30** (1973), S. 229; Koršak, V. V.: Thermostoikie polimery, Moskva: Izd. Nauka 1969; Rogovin, Z. A.: Chemie und Technologie chemischer Fasern, Moskva: Izd. Chimija 1974. Bd. 2, S. 303–330.

[44] Koršak, V. V.: Fortschritte der Polymeren-Chemie, Moskva: Izd. Nauka 1969.

[45] Böhringer, H.; Bolland, F.: Faserforschung u. Textiltechnik, Berlin **6** (1955), S. 199; Magat, E. E.; Morrison, R. E.: J. Polym. Sci., New York: Sympos. No. 51 **1975**, S. 206.

[46] Mecheels, J.: Textilveredlung, Basel **3** (1968), S. 513.

[47] Cernia, E.; Mark, H.; Atlas, Sh. M.: Mell. Text. Ber., Heidelberg **1975**, S. 755.

[48] Siehe dazu: Chemiefasern, Frankfurt a. M. **21** (1971), S. 1047–1052.

[49] Siehe dazu: Entwurf einer Analyse von Aufgaben und Problemen der polymerchemischen Grundlagenforschung bei der Sortimentsentwicklung von Chemiefaserstoffen für den Komplex „Gebrauchswert von Bekleidungstextilien". Interner Bericht des IPOC der AdW der DDR, S. 13 ff., vom April 1976.

[50] Sitohla, H.: Finnisches Cellulose- und Holz-Forschungs-Institut, Helsinki.

[51] Informationen aus Berichten des FIFT, 1976, und des VEB Rationalisierung Konfektion sowie des FIFT vom 1. Juli 1976, für die der Verf. Prof. BANKE dankt. Dortselbst befindet sich auch ein ausführl. Literaturverzeichnis fast aller Arbeiten über Antistatik, Feuchtaufnahme und Feuchtetransport bis 1976; siehe auch: HAASE, J.: Faserforschung u. Textiltechnik, Berlin **25** (1974), S. 165.

[52] HIRTE, R.: formeln, faserstoffe, fertigware, Informationen, Warenzeichenverband für Kunststofferzeugnisse der DDR **1977** 1, S. 17.

[53] DAWCZYNSKI, H.; TRAEGER, E.; CLEMENS, H.: Textiltechnik, Leipzig **1977**, im Druck.

FSC
www.fsc.org
MIX
Papier | Fördert
gute Waldnutzung
FSC® C083411

Zeitfracht Medien GmbH
Ferdinand-Jühlke-Straße 7
99095 Erfurt, Deutschland
produktsicherheit@kolibri360.de